美丽中国视域下的数字环境架构与技术研究

邹天远　张宗文　孙　宁　丁贞玉　等 / 编著

中国环境出版集团·北京

图书在版编目（CIP）数据

美丽中国视域下的数字环境架构与技术研究 / 邹天远等编著. -- 北京 : 中国环境出版集团, 2025. 12.
ISBN 978-7-5111-6430-8

Ⅰ. X321.2-39

中国国家版本馆 CIP 数据核字第 20253XF683 号

责任编辑　董蓓蓓
封面设计　彭　杉

出版发行　中国环境出版集团
（100062　北京市东城区广渠门内大街 16 号）
网　　址：http://www.cesp.com.cn
电子邮箱：bjgl@cesp.com.cn
联系电话：010-67112765（编辑管理部）
发行热线：010-67125803，010-67113405（传真）

印　　刷　北京中科印刷有限公司
经　　销　各地新华书店
版　　次　2025 年 12 月第 1 版
印　　次　2025 年 12 月第 1 次印刷
开　　本　787×1092　1/16
印　　张　10.75
字　　数　220 千字
定　　价　59.00 元

编 委 会

前 言

党的十八大以来，我国生态环境保护事业取得历史性成就，生态环境质量持续改善，绿色发展理念深入人心。然而，当前生态文明建设仍处于压力叠加、负重前行的关键期，生态环境质量由量变到质变的拐点尚未到来，结构性、根源性、趋势性压力尚未根本缓解。面对新形势、新挑战，在 2023 年 7 月召开的全国生态环境保护大会上，习近平总书记明确提出“深化人工智能等数字技术应用，构建美丽中国数字化治理体系，建设绿色智慧的数字生态文明”，为新征程上以数字化驱动生态环境治理现代化指明了方向。

未来五年是美丽中国建设重要时期，数字技术与生态环境保护的深度融合，将成为创新环境治理体系、提升环境治理能力、加快建设美丽中国的关键路径。在全球数字化浪潮蓬勃兴起的时代背景下，数字技术深刻重塑生产生活方式和治理模式。“十四五”期间，我国生态环境数字化建设取得显著进展，建成了全球规模最大、涵盖要素齐全、布局科学合理、技术手段较为先进的生态环境监测网络，覆盖全国所有的地级及以上城市、重点流域和管辖海域，涵盖水、大气、土壤、噪声、海洋、生态等各类要素，为精准治污、科学治污提供了坚实的基础。但随着美丽中国建设进入新阶段，迫切需要结合大数据、人工智能、云计算等现代科技手段，推动生态环境治理从传统模式向数字化、智能化模式转型升级。“十五五”时期是美丽中国建设和绿色低碳转型的关键时期，促进数字技术与生态环境深度融合发展，既是顺应时代变革的必然要求，也是提升环境治理效能、实现美丽中国建设目标的重要路径。

本书立足美丽中国建设中生态环境数字化转型升级需求，系统梳理数字技术在生态环境领域的创新应用，全面阐述数字环境架构体系、数据采集治理、环境模拟仿真、智能决策支持等关键技术，深入分析当前研究热点与发展趋势。基于美丽中国建设中生态文明建设的需求，提出数字环境系统的整体设计方案，并从重点工作和政策保障等维度提出推进美丽中国数字化转型的具体建议，旨在为构建智慧高效、绿色低碳的美丽中国视域下的数字环境体系提供理论支撑和技术指南，助力人与自然和谐共生的中国式现代化早日实现。

全书共 8 章。第 1 章数字技术发展现状与趋势，主要撰写人员为芦红、邹天远、杨扬、赵艺；第 2 章数字化架构技术，主要撰写人员为丁贞玉、彭小红、芦红、李玉莲；第 3 章数据采集与治理技术，主要撰写人员为彭小红、乔雄彪、王晓晶、康芮；第 4 章环境模拟技术，主要撰写人员为乔雄彪、邹天远、张黎明、程天威；第 5 章虚拟仿真技术，主要撰写人员为张黎明、张宗文、乔雄彪、张向阳；第 6 章生态环境领域智慧决策技术，主要撰写人员为芦红、彭小红、王晓晶、王晓宏；第 7 章面向美丽中国的数字环境设计，主要撰写人员为邹天远、张宗文、丁贞玉、谢兆倩；第 8 章美丽中国数字化转型的建议，主要撰写人员为张宗文、邹天远、孙宁、储小东。

全书由邹天远、张宗文负责统稿，丁贞玉审核，孙宁审定。本书的编撰得到了“鄱阳湖关键带美丽湖泊地下水和地表水数字环境监管体系技术研究”项目（项目编号：2025-14）的支持和江西省地质调查勘查院、赣州市生态环境技术服务中心、土豆数据科技集团有限公司的大力支持、指导和帮助，在此一并表示衷心感谢。

由于数字化涉及的领域广泛且技术迭代迅速，书中不足之处在所难免，敬请读者批评指正。

目 录

1 数字技术发展现状与趋势

1.1 计算机技术发展历程

1.1.1 计算机发展历程

计算机技术的发展呈现明显的阶段性特征。1946年，世界上第一台电子计算机ENIAC诞生，标志着计算技术进入电子管时代。这一时期的计算机以真空电子管为核心元件，体积庞大如房间，运算能力却十分有限，且能耗高、稳定性差。然而，正是这些笨重的“计算巨人”奠定了现代计算机的基础架构，开创了自动计算的新纪元[1]。

20 世纪 50 年代，随着量子力学理论和固体物理能带论的发展，半导体器件研究取得突破。1954 年，贝尔实验室成功研制出第一台晶体管计算机 TRADIC，开启了计算机技术的第二次革命[2]。晶体管取代电子管后，计算机体积大幅减小，可靠性显著提高，能耗明显降低，计算速度也得到提升。这一时期，计算机开始从科研机构走向商业应用，在军事、气象、航空等领域发挥重要作用。

20 世纪 60 年代中期，集成电路的出现将计算机技术推向第三个发展阶段。1958 年，杰克・基尔比发明了第一块集成电路，将多个晶体管集成在单一芯片上。这一突破性创新使计算机性能呈指数级提升，体积进一步缩小，成本持续下降。集成电路技术为计算机的微型化、普及化奠定了基础，直接促成了个人计算机时代的到来[3]。

1.1.2 现代计算机技术

纳米尺度计算技术开辟了微型化计算的新纪元。作为长度计量单位的纳米，其制造工艺突破了传统洁净车间的限制，通过精确的原子级操控与预设分析模型的结合，能够定向构造具有特定功能的纳米结构产品，这一特点使其生产成本得到有效控制。当计算科学与纳米技术深度融合，催生了革命性的纳米计算系统。该技术体系依托微机电系统（MEMS）实现器件制造，巧妙地将微型驱动器、运算单元和传感装置集成于单一系统。

纳米计算芯片的物理尺寸仅相当于百余个原子直径之和，这种微观尺度不仅攻克了传统半导体器件与薄膜晶体管的兼容性问题，更为后续纳米特性优化和芯片架构创新奠定了坚实的基础[4]。

生物启发式计算系统代表了计算技术的另一个重要演进方向。这类系统采用生物分子元件替代传统硅基晶体管，常被称为仿生计算装置。其构建不仅依赖生物芯片技术，更需要整合前沿生物工程技术作为支撑。这类计算平台展现出多方面的卓越特性，在物理尺寸显著缩小的同时实现了存储容量的数量级提升。另外，基于二进制编码的数据处理机制大幅提升了系统整体运算效能。通过与 DNA 计算技术的协同，其并行处理能力获得质的飞跃。这些特性使生物计算系统成为未来计算发展的重要突破口，既提升了人机交互的自然程度，也推动了计算技术的完善与成熟。

光量子计算技术则在物理载体层面实现了根本性革新。随着现代光学技术的突飞猛进，光子计算系统实现了光电组件、光子电子以及光学电学运算模式之间的无缝转换。利用光子作为信息载体进行数据处理具有独特优势。作为电中性粒子，光子完全不受电磁效应干扰，系统稳定性显著提高，光速传播特性使其具有天然的快速响应能力，多通道并行处理架构大幅提升了运算吞吐量。此外，光子互连技术可实现超高密度集成，同时提供前所未有的存储空间。

量子计算系统无疑是计算技术发展的革命性突破。基于量子力学原理构建的量子计算机，其运算机制与传统计算机存在本质区别，通过量子比特的叠加态和纠缠态实现了信息的并行存储与处理。这种独特的工作机制使其在解决特定复杂问题时展现出指数级的加速效果，这是传统集成电路计算机无法企及的性能飞跃。当前，量子计算已被公认为未来计算技术发展的核心方向之一[5]。

1.2 产业数字化发展现状与趋势

1.2.1 数字化转型发展现状与趋势

1.2.1.1 数字化转型发展历程

（1）2000 年之前：以“连接”互联网为特征的数字化转型

20 世纪 80 年代后期至 90 年代，计算机在美国得到普及，1983 年美国小学的计算机使用率已超过 60%，高中计算机使用率超过 85%，平均每所高中拥有 10～11 台计算机[6]。对计算机等电子设备的强劲需求也促进了美国信息工业的发展，20 世纪 80 年代计算机、半导体以及软件产品出口是美国重要的贸易收入来源[6]。在计算机硬件和通信技术的快速进步下，信息技术通过网络将大量计算机“连接”起来，推动了全球互联网的繁荣。中国于 1994 年正式接入全球互联网，融入全球数字化转型浪潮。这一时期的数字化转型，以“连接”为主要特征，以改革通信方式为主要表现形式，主要由互联网企业推动[7]。在网络基础设施和软件的支持下，以搜索引擎为代表的互联网企业成了数字化转型的先驱，人们发现互联网和信息化方式不但可以提供新的联系方式，还可以大幅度降低搜寻成本，减少信息不对称。

（2）2000—2016 年：以“分享、共享、融合”为特征的数字化转型

数字经济整合服务业的速度不断加快。进入 21 世纪，数字化转型继续在服务业领域推进，率先数字化转型的是具有“分享”“共享”特征的内容产品或服务。社交网络企业让用户乐于“分享”自己的情绪、见闻等，数字化内容提供商等分享媒介和平台的出现将线下的音乐、图书、电影等产品数字化。随后优步（Uber）、爱彼迎（Airbnb）、摩拜、闲鱼等提供网约车、民宿、二手商品交易等服务的出现，将内容与服务由“分享”向“共享”形态演进。数字交易、数字金融、数字发行等数字产品和服务逐步向消费者推广，更有厂商试图通过打造“社区”等手段提高用户的黏性。与此同时，制造业与服务业“融合”形式的数字化转型也大规模开启。计算机和电子设备厂商成为制造业领域“融合”服务的主要推动力，数字内容开始被融入新开发的电子设备中，以工业产品的形式为消费者提供服务，在跨国企业的推动下，电子设备制造业在全球布局。IT 企业则开始数字化转型路径的探索，率先将软、硬两个层面的能力打通，利用数字技术进行二、三产业融合。更多的制造业企业则通过购买数字化服务来提升企业的生产效率，对数字服务的购买也降低了企业独立进行 ICT 基础设施开发投资的成本，节约了社会资源。在数字产品软硬件的综合作用下，企业对数据的分析和运用能力大幅提升，数据的重要性开始凸显。

（3）2016 年至今：以平台化、智能化为特征的数字化转型

大数据、云计算、人工智能技术的进步和应用，大幅提升了企业分析和使用数据的能力，增加了数据规模。随着各大场景用户规模的增长，平台成为新的产品和服务载体，围绕平台形成数字产业生态。这也使数字化转型呈现新的特点，以平台化为转型基础，以智能化为转型目标。实体经济与数字经济融合方式也出现了两种典型路径：一种由互联网企业推动，通过提供云服务、数据服务和平台服务以及数字化基础设施为其他产业进行数字赋能，促进业务流程的数字化转型，如腾讯、阿里提供的云服务等；另一种是由传统制造业厂商推动，通过对 ICT 基础设施投资搭建基于自身制造经验的互联网平台，将业务流程、产品和服务以数字化的形式呈现，如西门子的 Mind Sphere、美国通用的 Predix、海尔的卡奥斯（COSMOPlat）、华为的 Fusion Plant 等。这种平台化的数字化转型是“分享”精神的延伸，将分享产品、分享服务向分享数据、分享生产经验拓展，也真正让数字化转型的主战场从 C2C、B2C 领域延伸至 B2B 领域。

在智能化成为数字化转型关键特征的当下，大模型技术的突破无疑是智能化转型的

核心驱动力。2020 年，OpenAI 推出的 GPT-3 模型，以 1 750 个亿参数规模的庞大体量，依托 Transformer 架构所展现的强大自然语言处理能力，首次将通用人工智能的潜力呈现在世人面前，引领人机交互模式从规则化向语义理解发生跃迁，从此大模型发展驶入快车道。2023 年 GPT-4 面世，具备多模态输入输出能力，能够处理图像、代码等复杂多样的内容；百度文心大模型 3.5 版本在中文语境理解与应用上取得显著突破，推理准确率较前代提升 40%，并已在金融领域的智能风控、医疗领域的辅助诊断等多个场景实现落地应用；华为云盘古大模型则专注于工业领域，其 NLP（自然语言处理）模型在煤矿安全监测领域的应用中，实现了 98%的异常识别率。历代 GPT 模型对比数据见表 1。

表 1　历代 GPT 模型对比数据

模型	发布时间	参数	训练数据	GPU 数量
GPT-1	2018 年 6 月	1.17 亿	5 GB	8
GPT-2	2019 年 2 月	15 亿	40 GB	512
GPT-3	2020 年 5 月	1 750 亿	45 TB	10 000
GPT-4	2023 年 3 月	10 000 亿	100 TB	未公开

大模型驱动的智能化转型呈现出以下两大显著特征：生产端重构与服务端革新。一方面，借助“预训练模型+行业数据精调”的模式，大模型有效降低了企业数字化转型的门槛。例如，三一重工基于大模型开发的设备预测性维护系统，成功将故障停机时间减少了 50%[8]。另一方面，在服务端，智能客服、代码生成等大模型应用工具重塑了服务流程。京东智能客服大模型就是一个典型案例，其日均处理咨询量超过 1 亿次，服务效率较传统模式提升了 300%。据国际数据公司（IDC）于 2025 年发布的《全球人工智能和生成式人工智能支出指南》，2024 年全球人工智能（AI）IT 总投资规模已达 3 159 亿美元；同时预测 2029 年这一规模将增至 12 619 亿美元，五年复合增长率达 31.9%。大模型已然成为推动数字经济增长的新引擎。

与此同时，与平台化发展趋势相辅相成，大模型正在加速推动“模型即服务”（MaaS）生态的成型[9]。阿里云推出了“通义千问”大模型平台，为各行业提供便捷的低代码定制专属模型服务；微软 Azure OpenAI 服务也凭借其强大的技术实力，吸引了超过 50 万个开发者，广泛覆盖零售、制造等 20 余个行业。这种“通用模型+垂直场景”的分层架构模式，不仅延续了互联网时代的平台经济逻辑，而且通过深度挖掘数据要素价值，将数字化转型推向了从效率提升到价值创造的新高度。

人工智能技术的进步不仅改变了生产组织形式、企业形态，也改变了城市的面貌和基础设施、公共服务供给。在技术的推动下，生产端和消费端深度融合，产品中包含了更多的服务，消费者本身也可以作为内容、创意的供给方为生产服务，生产领域相继出现了智能化车间、智能化工厂、智能化供应链，部分行业出现新一轮机器人对人工的替代。在社会领域，基于交通大数据和无人驾驶技术的“智慧交通”体系正在各城市不断实践，运用远程技术和医疗数据的“智慧医疗”体系也在不断建设，政府服务也可以在“电子政务平台”进行。除了实体经济的平台化、智能化外，利用数字技术还建立了一个与现实经济平行且交互的虚拟世界，目前火热的“元宇宙”即是对数字生态的探索。新产业、新模式、新业态即是对新阶段数字化转型最好的总结。

1.2.1.2 数字化转型的内涵

数字化转型本质与数字经济密不可分，理解数字化转型首先要理解数字经济。“数字经济”一词在20世纪90年代由美国人唐·泰普斯科特（Don Tapscott）首次提出，由数字方式呈现的信息流称为数字经济。随后，“数字经济”被各国政府和世界经济机构逐步用来形容由信息技术引发的企业、科技、经济和社会变革[10]。英国学者朗玛娜·伯克特（Rumana Bukht）和理查德·希克斯（Richard Heeks）将数字经济活动划分为3个层次：第一层是核心层（IT/ICT），即与数字技术最密切的产业，包括数字硬件制造、服务业中的ICT产业部门、电信业；第二层是窄口径，包括电子业务、数字服务、平台经济；第三层是宽口径，包括电子商务、工业4.0、精准农业、算法经济等。实际早在20世纪80年代，托夫勒在其《第三次浪潮》一书中就预言了以计算机为代表的信息技术对经济生活、社会组织形式方方面面的改变。虽然当时并没有使用数字经济、数字化转型等词，但托夫勒敏锐地捕捉到了信息技术给人类文明带来的全面性、系统性、颠覆性变革。

对于不同维度的研究对象，数字化转型有不同的含义。从广义来看，数字化转型是指数字技术与经济社会的深度融合，利用数字化的技术和产品，全方位地改造人类生产、生活，在机械化、信息化、网络化的基础上，利用各种数据信息对社会组织、生产方式实现数字化更迭。从微观作用机制来看，数字化转型是指以数字化技术为基础、以数据为核心、以产品/服务转型以及流程优化重构为手段，实现企业绩效与竞争力的根本性提升的一系列变革。不同领域的研究者对于数字化转型的定义和关注点也不同。从企业的视角来看，数字化转型不仅能够减少信息不对称，降低交易、物流成本，节约人力成本，有助于企业提质增效；也能改变企业内部的管理方式，实现扁平化、网络化的组织方式，形成柔性化、模块化、以用户为中心的生产模式。从产业的视角来看，数字化转型意味着数字产业化、产业数字化，以及数字技术对产业链和产业布局形式的变革，大数据、人工智能、区块链等新技术催生了一系列新兴产业，并形成了平台经济新生态；借助数字技术的运用，传统产业的要素组合形式发生变化，引起不同产业就业岗位和需求的变化，改变很多行业中间品的质量和可用性，从而引起产业链和产业布局大范围调整。从价值形态来看，数字化转型将生产环节和服务环节深度融合，不仅能提供最终产品，还能通过使消费者参与生产和服务的全过程实现价值形态的扩展。更有研究者认为数字技术改变了产品投入产出属性，产生了平台经济这一新的社会生产组织形态，因而将数字经济定义为继农业经济、工业经济之后更为高级的经济形态。

不同研究者对于数字化转型的测度也不相同。在一份麦肯锡研究中国企业数字化转型的报告中，研究者采用互联网指标分析数字化转型对经济体内部的影响，利用支出法评估个人、企业、政府以及贸易活动等所有与互联网设备生产、服务提供和网络应用相关联的活动，如消费者的网络零售的规模、互联网普及率、智能手机普及率，企业的云服务渗透率、中小企业互联网使用率等。Flavio Calvino 等采用技术、市场、人力资本等多个维度的指标衡量不同行业的数字密集度，选取 ICT 有形资产和无形资产的投资比重、购买 ICT 中间产品和服务的比重、每百名员工拥有的机器人数量、ICT 专家在总就业人数中的比重，以及网上销售额占总销售额比重等多个具体指标进行测算。蔡跃洲和牛新星利用数字部门/ICT 资本对数字经济增加值规模进行测算，将数字经济增加值来源分为数字部门增加值、数字技术资本在非数字部门发挥的替代效应增加值以及数字技术资本使用产生数据要素、提供有效信息的协同效应增加值三部分，这也描述了数字化转型的作用路径[11]。

1.2.1.3 数字化转型的趋势

（1）数字化转型驱动主体多元化

数字化转型的驱动主体由互联网企业扩散到其他类型企业，由发达国家主导转为发达国家、发展中国家并行。从数字化转型的发展历程来看，前两轮数字化转型主要由信息互联网、消费互联网企业驱动，相继催生了全球知名的搜索引擎企业、社交网络企业、电子商务企业。现在进入的第三阶段则由工业互联网驱动，参加的企业除了互联网企业外，还出现了很多从事生产的实体企业，行业涵盖能源、机械制造、家电制造等，呈现出参与企业的行业多元化。

从参与国家来看，发达国家依然是推动数字化转型的主体，但发展中国家的力量在不断壮大；特别是中国在数字经济中的快速发展，使数字经济领域形成了发达国家（美国）与发展中国家（中国）“双轮驱动”的格局。根据中国信息通信研究院的统计，2020 年发达国家数字经济规模达到 24.4 万亿美元，占全球数字经济总量的 74.7%。其中美国居首位，数字经济规模约为 13.6 万亿美元，约占全球数字经济总量的 41.7%；中国以 5.4 万亿美元位居第二，约占全球数字经济总量的 16.6%。从全球价值链的角度来看，2015 年以前向联系计算的世界高收入国家数字经济产业增加值规模约为 2.33 万亿美元，占全球数字经济总量的 71.39%；以后向联系计算的数字经济产业增加值规模约为 2.22 万亿美元，占全球数字经济总量的 68.55%（图 1）。2015 年美国（前向联系增加值规模占全球数字经济总量的 28.64%，后向联系增加值规模占全球数字经济总量的 25.87%）和中国（前向联系增加值规模占全球数字经济总量的 11.32%；后向联系增加值规模占全球数字经济总量的 11.58%）成为数字经济规模排前两位的国家。中国的变化十分突出，2005 年中国在全球数字经济产业的占比仅为 3.69%（前向联系）和 3.19%（后向联系），中国在数字经济领域绝对规模的增加成为驱动数字化转型竞争格局变迁的重要因素。

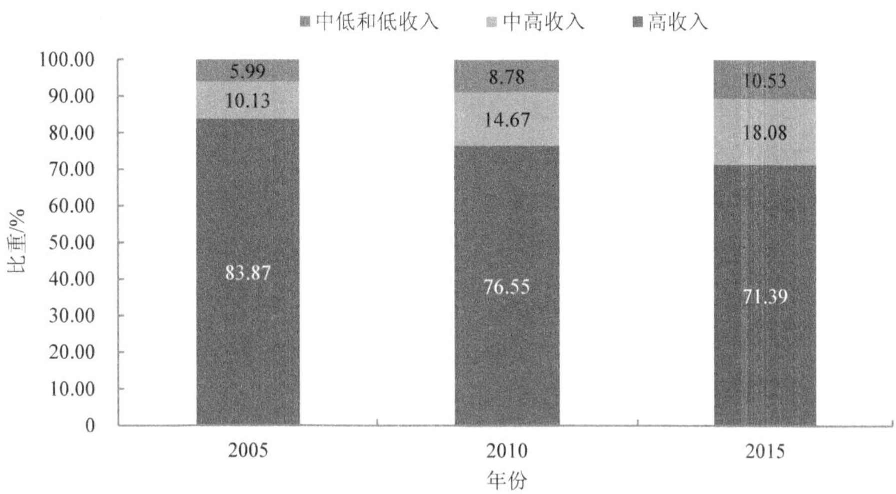

（a）前向联系

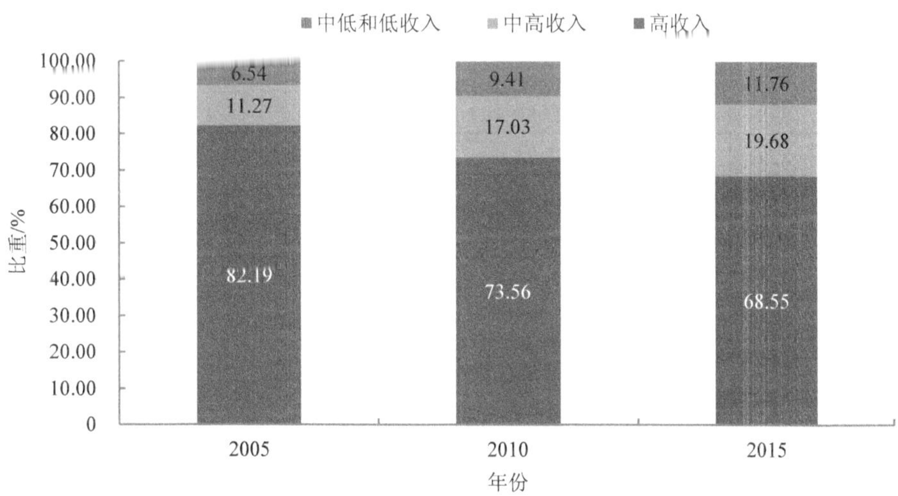

（b）后向联系

图 1 不同收入水平国家的数字经济产业比重

数据来源：UIBE GVC Indicator 数据库，由作者计算。

除数字经济产业增加值规模的变化，全球数字领域的技术竞争也主要在美国、中国之间展开。根据知识产权组织的统计，2020 年中国以 68 720 件专利申请位居世界第一，其中华为是最大的专利申请人（5 464 件）；在全球前十大申请人中，中国的京东方科技（1 892 件）和欧珀移动通信（1 801 件）也位列其中，这 3 家企业的申请就占中国当年申请的 13.32%。美国 2020 年以 59 230 件的专利申请量位居第二，数字经济领域的高通（2 173 件）是美国当年最大的申请人。在中国和美国已经申请的专利中，计算机领域是占比最高的申请领域。中美两国对数字技术的竞争也推动了全球数字化转型格局加剧演变。

（2）数字化转型助推全球化，也加速推动全球价值链“近岸化”“短链化”

数字技术加速了全球分工格局变化，得益于发达国家制造业外迁和数字经济产业的发展，ICT 产品制造业成为以中国、越南、马来西亚等为代表的东亚、东南亚发展中国家融入全球价值链的重要机遇。表 2 显示了中国等几个主要亚洲国家在 ICT 产品和服务出口的占比情况，可以看到中国、越南、马来西亚、菲律宾的 ICT 产品出口占据了这些国家所有产品出口中的相当大份额。而印度、菲律宾也可以通过承接发达国家的软件外包业务，融入世界数字经济的分工中。

表 2　中国和主要东南亚国家 ICT 产品和 ICT 服务出口占比情况　　单位：%

年份	中国		越南		马来西亚		泰国		菲律宾		印度	
	产品	服务	产品	服务	产品	服务	产品	服务	产品	服务	产品	服务
2010	29.12	5.87	7.91		34.01	6.14	18.93	1.37	26.77	12.57	2.00	46.34
2011	26.76	6.92	11.64		29.44	6.23	15.57	1.35	22.74	14.69	1.98	46.17
2012	27.06	8.06	18.24		27.90	7.21	16.04	1.02	29.47	14.69	1.98	46.17
2013	27.42	8.26	24.54		28.21	6.79	15.59	0.98	26.92	14.30	1.59	48.44
2014	25.94	9.21	23.97		28.73	6.56	16.03	1.02	34.62	13.62	0.97	47.58
2015	26.56	11.29	29.37		30.05	7.60	16.61	0.85	42.91	11.91	0.89	48.87
2016	26.50	12.20	31.24		30.53	7.24	15.76	0.82	43.21	17.60	0.95	47.30
2017	27.07	12.66	33.45		31.02	7.21	16.10	0.63	35.87	16.54	0.86	42.38

数据来源：世界银行数据库。

注：空白处表示没有统计数据。

伴随数字产业发展带动的生产能力和配套产业链的完善，加上数字技术进步带来的生产要素比重变化，全球价值链“近岸化”“短链化”正逐步成为可能。以电脑（HS8471）的出口为例，2010 年，中国和墨西哥的出口占全世界的比重分别为 78.67%和 8.21%；2019 年中国和墨西哥的出口份额就分别变为 78.36%和 18.21%。这意味着墨西哥承接了很多电脑生产和配套的工作，而墨西哥直接与当年进口最多电脑份额的美国接壤（进口占比 27.87%），体现出“近岸化”。从电脑出口国家的集中度来看，2010 年出口前五位国家占了 70.41%的份额，2019 年增长到 75.29%；而前二十位出口国家的份额则占了该产业约 95%的比重。进口份额中，前五位的国家 2010 年所占份额为 49.18%，2019 年为 52.15%；前二十位的国家进口份额从 2010 年的 81.83%略微下降为 81.68%。服务业中的

ICT 产业的进出口份额集中度也出现了同样的现象，但集中程度上较电脑行业略低（表 3）。这说明在数字经济相关的制造业和服务业中，生产和进口是围绕前几位核心国家进行的，主要是美国、中国、德国。

表 3 电脑行业和 ICT 产业进出口份额对比　　单位：%

排名	电脑行业进出口份额				ICT 产业进出口份额			
	2010 年		2019 年		2010 年		2019 年	
	出口	进口	出口	进口	出口	进口	出口	进口
前五位国家	70.41	49.18	75.29	52.15	43.60	35.36	49.33	41.59
前十位国家	85.10	66.45	86.77	66.46	63.30	55.69	70.19	62.42
前二十位国家	95.95	81.83	95.63	81.68	81.74	78.22	84.27	81.18

数据来源：哈佛大学经济复杂性地图集（atlas of economic complexity）数据库。

从全球价值链参与程度来看，中国数字经济行业的“短链化”现象尤为明显。表 4 与表 5 是分别用前向联系和后向联系计算的中国三个数字经济产业的全球价值链增加值来源，可以发现：2010 年起后向联系计算的三个产业的国外增加值来源占比明显下降，前向联系计算的全球价值链（GVC）占比则有升高的迹象；中国在 D26 计算机、电子和光学产品制造业中参与国际贸易的增加值占比之和连年下降，从前向联系看这种降低大部分源自传统贸易增加值来源占比的降低。这意味着虽然中国在数字经济行业的绝对规模在上升，但增加值构成发生了变化，中国在三个数字经济产业中从国外进口产品和服务参与生产的比重在下降，利用国内产品和服务参与国内生产的比重在不断上升。同时，本书对比了美国、德国、日本、韩国的同期数据，发现除了美国，德国、日本、韩国在 D26 产业用前向联系计算的 GVC 占比均有明显上升，这其中有相当一部分参与了中国在该行业的生产，其他一部分参与了波兰、匈牙利、越南、菲律宾等周边国家的数字设备生产，提高了这些国家在该产业的国外增加值占比，也增加了这些国家对数字服务的需求。造成这种情形主要有两种原因：第一，中国强大的工业配套体系能力和数字技术能力的提升，使很多生产中间产品和服务的流程可以在国内完成，因此后向联系中三个产业的国外增加值占比会明显下降，但数字经济两个服务业的前向联系国外增加值比重会轻微上升；第二，数字技术和数字基础设施的完善和发展，促进了对数字制造和服务需求的绝对增长，这不仅包括中国这种能力提升明显的国家，也包括越南、菲律宾、波兰、匈牙利等在区域核心周边的国家，这些国家的需求也提升了德国、日本、韩国等国的国外参与比重。从世界范围来看，随着美国等发达国家加大制造业回流的力度，以及数字技术的应用，全球价值链围绕美国、德国、中国三个核心国家布局的“短链化”趋势也会越来越明显。

表 4　以前向联系计算的中国不同方式价值链来源比例　单位：%

行业	方式	2005年	2006年	2007年	2008年	2009年	2010年	2011年	2012年	2013年	2014年	2015年
D26	GVC	24.32	24.56	23.18	21.87	19.03	18.65	17.95	17.55	18.42	18.58	20.64
	传统贸易	25.49	26.58	27.74	25.23	21.37	22.48	22.31	22.74	21.62	20.78	18.01
D61	GVC	6.24	6.71	6.54	6.20	4.60	4.17	4.01	4.38	4.39	4.58	4.82
	传统贸易	5.70	6.15	6.28	5.81	4.55	4.36	4.15	4.49	4.38	4.35	4.01
D62T63	GVC	6.92	7.65	8.06	5.97	3.75	2.69	2.97	2.93	3.14	3.51	4.42
	传统贸易	6.69	7.48	8.13	5.85	4.07	3.08	3.36	3.32	3.45	3.75	4.06

表 5　以后向联系计算的中国不同方式价值链来源比例　单位：%

行业	方式	2005年	2006年	2007年	2008年	2009年	2010年	2011年	2012年	2013年	2014年	2015年
D26	GVC	33.00	32.73	31.28	29.54	27.51	28.19	28.69	29.09	29.20	28.80	27.34
	传统贸易	8.28	7.60	5.78	5.56	4.39	5.51	5.46	5.15	5.27	5.57	5.30
D61	GVC	7.40	8.00	6.42	7.35	6.05	5.87	6.61	6.70	5.97	4.94	4.79
	传统贸易	0.45	0.49	0.45	0.34	0.31	0.21	0.22	0.21	0.21	0.20	0.18
D62T63	GVC	17.49	17.21	15.65	15.06	12.74	12.29	12.94	19.31	12.55	11.49	10.29
	传统贸易	2.11	2.67	2.63	1.42	1.53	1.10	1.27	1.10	1.26	1.50	1.45

（3）数字化转型依然由服务业推动，但数字技术与实体经济深度融合的模式仍在探索

从推动行业来看，数字化转型依然由服务业推动。图 2 展示了全球价值链角度计算的三个数字经济产业的增加值规模，可以看到属于服务业的两个数字经济产业规模较高。这来自数字技术的归类，目前不断进步的数字技术，如云计算、大数据、人工智能等，除了硬件设施的生产归为制造业外，大部分技术被固化在软件系统或服务中，属于服务业类别。从驱动国家的产业构成来看，数字技术最为发达、应用最多的是以美国为代表的发达国家，服务业在美国的占比一直较高，而美国的出口也以服务业为主。从驱动企业来看，世界主要的数字技术企业多为美国企业，也包括中国的知名互联网企业，在市值规模上，这些互联网企业超过了传统的制造业企业。

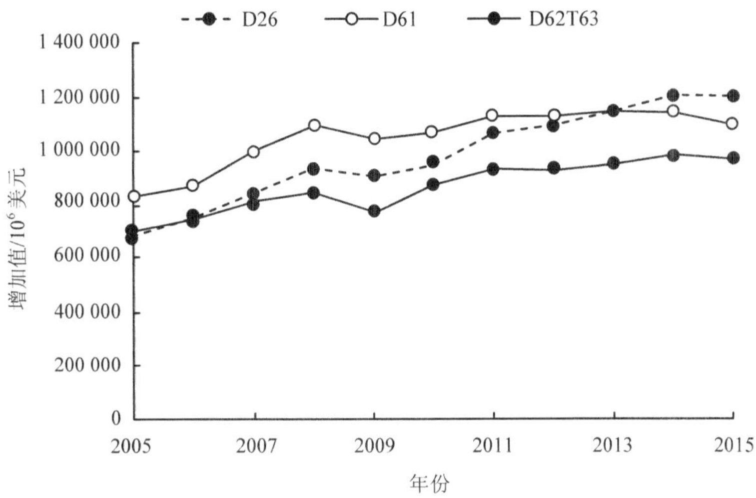

（a）前向联系

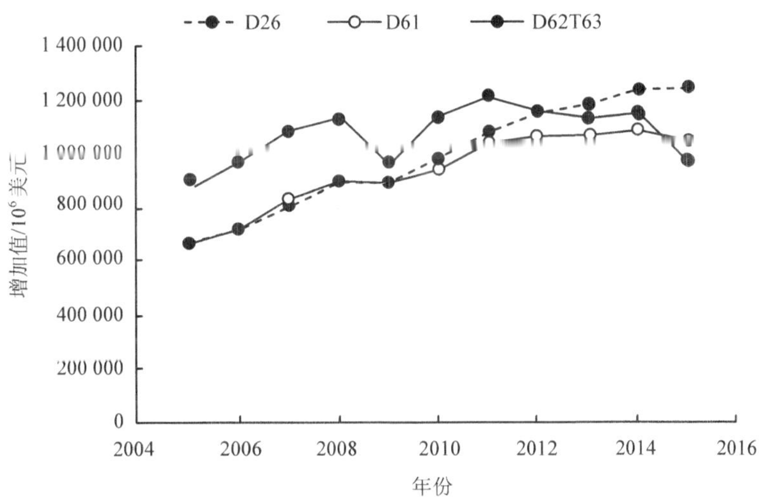

（b）后向联系

图 2　2005—2015 年数字经济三个产业的增加值规模变化

数据来源：UIBE GVC Indicator 数据库。

从转型的路径趋势来看，虽然数字化转型已进入第三阶段，借助工业互联网实现数字技术与实体经济的深度融合，但是目前各发达国家尚未探索出具有强大带动力、可普遍实施的数字化路径，数字技术与实体经济的深度融合尚需加强。表 6 至表 8 显示了用投入产出表计算的美国、德国、日本和中国的制造业对三个数字经济产业的中间需求，以及制造业中间需求占所有中间需求的比重变化。可以看出，第一，在 D26 计算机、电子和光学产品制造业，德国和日本用于中间品需求的比重在不断下降，这与这两个国家是该行业的中间品、产品出口大国有关，但三个国家的中间需求投入制造业中的比重较为稳定；中国反而有轻微的增长势头，与发达国家相比，中国在该行业的中间需求大部分被投入制造业中。第二，在 D61 电信业，各国用于制造业的中间需求比重均不高，只有德国投入制造业的比重在缓慢升高。第三，在 D62T63 IT 及信息服务业，德国、日本、中国对该行业的中间需求率有提高的趋势，德国的提高趋势相当明显；但用于制造业中间需求的比重则变化不大，绝大部分中间需求提供给了非制造业部门。第四，分国家看，德国是发达国家中对三个数字经济产业中间需求最高的国家，制造业对数字经济服务业的中间需求率远超过美国；中国的数字化程度以及对 IT 及信息服务业的中间需求程度，与发达国家相比仍有一定差距。

表 6　主要国家在 D26 计算机、电子和光学产品制造业的中间需求率变化　　单位：%

年份	美国		德国		日本		中国	
	中间需求率	制造业中间需求率占比	中间需求率	制造业中间需求率占比	中间需求率	制造业中间需求率占比	中间需求率	制造业中间需求率占比
2010	47.14	22.45	55.59	35.18	20.15	6.99	59.65	47.60
2011	48.59	23.67	51.44	34.20	22.59	8.11	61.93	48.22
2012	46.77	22.86	48.97	32.02	24.63	7.80	65.82	51.58
2013	48.54	23.82	45.58	30.06	25.29	7.80	69.18	53.88
2014	51.79	24.29	46.25	30.23	25.10	8.21	70.64	55.36
2015	52.24	25.55	44.71	29.62	26.01	8.60	69.74	54.75
2016	54.47	26.26	43.98	29.45	27.10	8.50	72.26	58.79
2017	57.75	25.75	45.62	31.20	26.57	8.72	69.54	58.13
2018	56.45	25.43	44.80	30.82	18.53	7.12	67.32	56.04

表 7　主要国家在 D61 电信业的中间需求率变化　　单位：%

年份	美国		德国		日本		中国	
	中间需求率	制造业中间需求率占比	中间需求率	制造业中间需求率占比	中间需求率	制造业中间需求率占比	中间需求率	制造业中间需求率占比
2010	46.61	2.22	60.37	5.06	32.29	8.25	53.48	13.67
2011	46.21	2.08	59.13	4.55	33.35	4.83	59.09	8.41
2012	45.33	1.99	53.78	3.96	33.62	2.74	62.86	5.12
2013	45.35	2.08	54.19	4.13	32.94	2.47	63.81	4.79
2014	45.57	1.94	53.85	4.44	31.81	2.39	64.78	4.87
2015	45.79	1.73	64.23	6.54	33.60	2.57	66.20	5.06
2016	46.15	1.63	63.96	6.39	34.63	2.71	61.53	4.81

年份	美国		德国		日本		中国	
	中间需求率	制造业中间需求率占比	中间需求率	制造业中间需求率占比	中间需求率	制造业中间需求率占比	中间需求率	制造业中间需求率占比
2017	46.93	1.74	63.79	6.39	33.65	2.69	58.88	4.70
2018	47.39	1.57	63.57	6.47	28.08	2.11	56.28	4.23

表 8 主要国家在 D62T63 IT 及信息服务业的中间需求率变化 单位：%

年份	美国		德国		日本		中国	
	中间需求率	制造业中间需求率占比	中间需求率	制造业中间需求率占比	中间需求率	制造业中间需求率占比	中间需求率	制造业中间需求率占比
2010	59.35	3.66	76.36	11.22	43.97	20.03	24.21	11.03
2011	59.87	3.35	76.91	11.63	47.44	14.28	23.17	6.97
2012	59.49	3.33	84.36	12.88	46.58	10.43	21.60	4.84
2013	59.44	3.49	86.28	13.67	46.87	9.51	27.93	5.67
2014	60.81	3.52	84.38	12.68	49.83	9.81	30.27	5.96
2015	60.52	3.21	88.47	13.82	51.72	10.37	31.96	6.41
2016	60.33	3.10	91.55	14.60	52.21	12.34	32.40	7.66
2017	60.58	3.58	92.67	14.58	52.58	11.51	31.64	6.92
2018	59.22	3.64	93.28	14.72	56.10	12.91	36.77	8.46

资料来源：OECD 数据库。

从数字密集度来看，在发达国家内部，2010—2017 年用数字密集度分类的经济结构几乎没有特别明显的变化（图 3）。根据经济合作与发展组织（OECD）对产业数字密集度的分类，大部分制造业属于中高数字密集型，制造业占比较低的美国在这一类别有轻微的下降，但是并不显著；与日本相比，美国、德国的高、中高数字密集度产业的占比略高一些。一是说明这些国家近年来的产业结构较为稳定；二是说明现行分类标准下行业的数字密集度并没有出现结构性改变。实践中，发达国家因较高的人力成本，其本国制造业的自动化水平一直较高，虽然不断推出“数字化工厂”“无人工厂”等新的制造业模式，但大多用于附加值较高的行业（如汽车制造）或具有品牌溢价的制造业企业中，并没有改变整个行业的数字密集度。而制造业上下游产业联系复杂，中小企业众多，大企业的数字化转型经验难以完全复制到上下游的中小企业中，因此数字技术与实体经济融合的过程较为缓慢。

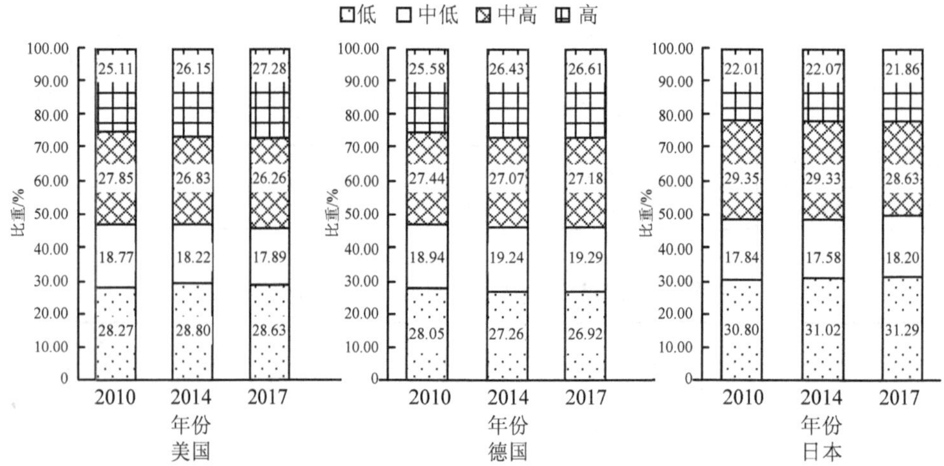

图 3　美国、德国、日本利用数字密集度衡量的经济结构变化

数据来源：OECD STAN 工业分析数据库，由作者整理得出。

（4）数据安全和平台垄断成为数字化转型的焦点，各国利用法律法规进行战略布局

数字经济时代，数据成为重要的战略资源。一方面，数据作为重要的生产要素进入生产函数，可以改进生产流程，优化组织形式，不仅能形成新的产业，也可以重塑原有产业的比较优势。另一方面，个人活动、生产活动及政务活动中形成的大量数据，其数据所有权、使用权及数据安全保护，成为数字化转型特有的新现象。同时，数字经济产业也是具有网络效应的行业，极易通过直接网络效应、间接网络效应和跨边网络效应形成“赢家通吃”，而平台经济的兴起更加剧了这一现象，尤其在提供基础设施服务（IaaS）的平台，非常容易形成寡头垄断，造成中小企业对大企业平台的依附。这些问题不仅是数字化转型中必须面对的问题，也成为各国利用法律法规进行数字产业布局的竞争点。因此，未来针对数据和平台治理的问题，各国均想方设法形成有利于自身的标准，对各国数字领域企业参与国际竞争产生了不可预知的风险。

（5）大模型重塑技术竞争格局，推动“模型主权”成为国家战略

在全球数字化发展的大背景下，大模型凭借其显著的技术壁垒和数据垄断特性，已成为各国数字化竞争的核心焦点，各国在这一领域的竞争日益激烈，且呈现多维度的特征。

从专利布局这一关键指标来看，2023 年中国在大模型相关专利申请方面表现得尤为突出，专利申请量高达 4.2 万件，占全球总量的 63%。这一数据充分彰显了中国在大模型技术领域的创新活力与研发实力。其中，百度和华为分别以 3 570 件和 2 890 件的专利申请量，在全球企业专利申请量排行榜中列前两位，展现了中国科技企业在大模型技术研发方面的领先地位。而美国在大模型的基础算法研究领域依然保持着强大的竞争优势，

Google 推出的 Pathways 架构以及 Meta 构建的 LLaMA 模型开源生态，凭借其在算法创新和模型优化方面的卓越表现，吸引了全球众多开发者的积极参与，进一步巩固了美国在大模型基础研究方面的领先地位。

“模型主权”的争夺在全球范围内愈演愈烈，主要体现在算力底座、数据治理和标准输出这三个关键方面。在算力底座方面，美国为了维护其在高端芯片领域的技术优势，通过《芯片与科学法案》对高端 GPU 的出口实施严格限制，试图遏制其他国家在大模型训练和应用方面的快速发展。与此同时，中国则加快了国产化算力网络的构建步伐，阿里云自主研发的“含光 800”芯片在这一过程中表现突出，其算力密度达到了国际竞品的 3 倍，为中国大模型的发展提供了坚实的算力支撑，有效提升了中国在全球算力竞争中的地位。

在数据治理方面，欧盟作为全球数据保护法规的先行者，率先将大模型纳入其《人工智能法案》的“高风险”监管范畴，通过制定严格的数据保护和隐私政策，确保大模型在数据收集、存储和处理过程中的合法性和安全性。中国则于 2023 年发布了《生成式人工智能服务管理暂行办法》，该法规明确了大模型在数据安全与知识产权保护方面的具体规则，为大模型的健康发展提供了明确的法律框架，既保障了数据的合理利用，又有效防范了数据泄露和滥用等风险。

在标准输出方面，国际标准化组织（ISO）敏锐地捕捉到大模型发展带来的新挑战和新机遇，专门成立了大模型伦理分委会，旨在制定全球统一的大模型伦理和安全标准。中国在这一领域积极发挥引领作用，主导制定了《人工智能伦理治理标准化指南》，并向世界推广“发展与安全平衡”的全球治理理念，为全球大模型的健康发展贡献了中国智慧和中国方案，得到了国际社会的广泛关注和认可。

在产业层面，大模型正在深刻重塑全球价值链分工。发达国家凭借在基础模型研发方面的先发优势和技术积累，牢牢掌控着全球大模型生态的主导权。以 OpenAI 为例，其开发的 GPT-4 插件系统已成功接入超过 2 000 款应用，形成了庞大而完善的应用生态，为全球用户提供了丰富多样的智能化服务，进一步巩固了其在大模型产业链中的核心地位。而中国则在行业大模型领域积极探索，形成了独特的竞争优势。腾讯推出的“混元大模型”在政务领域得到了广泛应用，覆盖了全国 90%的区县，有效提升了政务服务的效率和质量，为数字政府建设提供了强大助力。这种“基础模型—行业应用”的双层竞争格局日益凸显，标志着数字化转型正从单纯的技术扩散转向更为复杂的生态博弈新阶段。各国在大模型领域的竞争与合作将更加深入，全球数字化发展格局也将因此发生深远变革。

1.2.2 我国数字化产业发展情况

1.2.2.1 数字化产业发展概况

我国数字经济呈现规模化扩张与结构性升级的双重特征，产业数字化转型进程显著提速。国家统计局数据显示，2020 年我国数字经济核心产业增加值规模突破 39.2 万亿元，占同期 GDP 比重达 38.6%，已成为驱动经济高质量发展的新动能引擎。从宏观战略维度看，党的二十大报告将“建设数字中国”确立为国家重大战略决策，强调推进互联网、大数据、人工智能与实体经济深度融合发展；《中华人民共和国国民经济和社会发展第十四个五年规划和 2035 年远景目标纲要》进一步明确“加快数字化发展，建设数字中国”的战略任务，要求以数字化转型整体驱动生产方式、生活方式和治理方式系统性变革，为产业数字化转型构筑起政策支撑体系。从产业发展实践层面看，我国数字产业化与产业数字化形成双轮驱动格局：一方面，电子信息制造业、软件与信息技术服务业等数字产业规模持续扩张，5G、工业互联网、物联网等新兴数字技术迭代演进，数字产业化发展取得阶段性成果；另一方面，工业互联网平台在制造业深度部署，智慧农业应用场景创新拓展，智慧物流体系加速构建，产业数字化转型由局部试点向系统深化阶段演进，涌现出共享经济、平台经济等新型业态模式，传统产业数字化改造工程取得突破性进展。

1.2.2.2 数字化产业发展趋势

我国数字化产业发展正呈现技术纵深、生态协同与价值释放深度融合的四大核心趋势。

技术纵深与垂直化成为首要驱动力。人工智能加速向制造、医疗等垂直领域渗透，如国家电网千亿级电力大模型实现故障精准预判，多模态交互能力显著提升。同时，量子计算、元宇宙等新兴技术推动算力需求向专业化、绿色化转型，全国一体化算力网加速构建，2024 年算力规模达 280 EFLOPS，智能算力占比超 30%。

数据要素市场化进程显著提速。数据“三权分置”产权框架在 20 余省市试点落地，隐私计算等技术保障流通安全；工业数据链贯通设计至生产全流程，以区块链技术提升金融、医疗等领域交易透明度，2024 年数据要素市场规模突破 1 600 亿元，预计 2030 年超 7 800 亿元。

数实融合从单点突破迈向生态重构。龙头企业如西凤酒通过全链条数字化管控实现工艺精细化，带动中小微企业协同转型；智慧养老、智能家居等场景深化，燕达集团智能护理机器人、元萝卜家用机械臂等普惠化应用落地，推动服务模式革新。

国际化与治理挑战同步凸显。6G、量子科技等领域标准博弈加剧，我国需突破 GPU 芯片、EDA 软件等“卡脖子”技术；生成式 AI 的算法偏见、数据跨境流动等风险催生动态防护需求，如湖南省“公共数据安全一张图”机制，以平衡发展与安全。

未来，数字化产业将在技术迭代、数据要素释放与生态协同中持续突破，但需统筹自主创新与国际竞争，以实现高质量可持续发展。

1.3 大模型发展趋势

1.3.1 大模型概念

人工智能大模型（以下简称大模型）通常是指由人工神经网络构建的一类具有大量参数的人工智能模型。大模型通常通过自监督学习或半监督学习在大量数据上进行训练。最初，大模型主要指大语言模型（Large Language Models，LLM）。随着技术的发展，逐渐扩展出视觉大模型、多模态大模型以及基础科学大模型等概念。大模型是一个新兴概念，截至目前并没有绝对权威的定义。因此，大模型所需要具有的最小参数规模也没有严格的标准。目前，大模型通常是指参数规模达到百亿、千亿甚至万亿的模型。此外，人们也习惯性地将经过大规模数据预训练（显著多于传统预训练模型所需要的训练数据）的数十亿参数级别的模型称为大模型，如 LLaMA-2 7B 等。

1.3.2 大模型技术发展概况与趋势

2013 年，Google 推出 Word2Vec，将词汇嵌入向量空间以帮助机器理解单词之间的关系，这一开创性技术成为 AI 领域的重要里程碑，对后续的发展产生了深远的影响。2017 年，Google 提出 Transformer 架构，在捕捉长距离依赖关系方面表现卓越，为机器翻译等任务带来重大突破。

OpenAI 持续发力，不断增加模型规模，引领了人工通用智能（Artificial General Intelligence，AGI）的研究。2018 年，OpenAI 发布 GPT-1，标志着生成式预训练 Transformer 模型时代的开始。2020 年，具有跨时代意义的语言大模型 GPT-3 推出，这个拥有 1 750 亿个参数的模型展示了前所未有的多功能性和生成能力，标志着 AI 文本生成进入新的阶段。同年，Google 提出的 Vi T 模型证明了 Transformer 在图像处理领域的有效性。2022 年，Chat GPT 的问世引起了全球范围内的轰动，将大语言模型的应用推向了全新的高度。2023 年，GPT-4 发布，与 GPT-3.5 相比，GPT-4 的数学能力、微积分计算能力极大增强，并且其发展走向了多模态，实现图像和文本输入。

2024 年，Google 发布了多模态大模型 Gemini。与此同时，OpenAI 发布文生视频大模型 Sora，进一步拓展了多模态大模型的边界。

可见，大模型技术从文本逐步发展到视觉，从单模态逐步发展到多模态。全球范围内大语言模型的研发竞争日益激烈，各大科技公司和研究机构不断推出创新的大模型。

这一进程推动了人工智能技术的快速发展，将创造全新的产业规模，成为数字经济的重要组成部分。

未来大模型的发展将呈现更加多元与实用导向的演进趋势，主要体现在智能体协作、多模态融合、模型压缩与端侧部署，以及小模型协作等几个关键方向上。首先，多智能体（Agent）系统将成为解决复杂任务的核心方式，智能体之间的协调、竞争与协同学习机制将不断成熟，推动人机协作走向更自然、无缝的交互形态。其次，随着多模态技术的深度融合，文本、图像、音频和视频将实现统一处理，支持实时交互，并广泛应用于虚拟现实与增强现实等场景，形成原生多模态体验。再次，模型压缩技术（如知识蒸馏、量化）不断优化，大模型的端侧部署成为可能，使边缘设备也能运行智能能力，并与云端形成协同计算架构，提升响应速度与数据隐私保护水平。最后，小模型协作范式也将快速发展，通过集群化、任务动态分配等方式，在保持计算效率的前提下，实现更高的专业化能力和任务完成效率。这些趋势共同构建出一种更加智能、高效且可控的 AI 应用生态。

1.3.3 大模型技术应用进展

大模型技术正加速渗透各行业，在深度赋能与新兴场景开拓中展现巨大潜力，同时也面临显著挑战。

在行业深度赋能方面，制造业通过大模型实现智能排产，但因时序数据解析准确率不足及产业链协同成本高企，实际效果受限。金融业则依托百度文心一言、拓尔思等大模型优化风险预测与自动化报告生成，成为技术落地的先锋领域。

新兴应用场景持续涌现：Agent 如字节跳动“豆包”推动从 App 到智能服务的范式转变，覆盖代码生成、科研辅助等全流程需求；多模态模型如 Seedance 1.0 pro 实现文生视频，重塑广告与娱乐产业的内容生产模式；教育领域则通过科大讯飞“星火”大模型提供个性化学习路径，通过作业帮模型实现自动批改，提升教学效率。

然而，技术推广仍受多重挑战与瓶颈制约。算力成本高企是关键障碍，例如满血版 DeepSeek R1 每百万 token 收费 16 元，企业月成本可达数亿元。数据壁垒在医疗、政务等领域尤为突出，限制了模型专业化发展。此外，生态碎片化问题显著，运营商与互联网企业各自为战，亟须统一标准（如上海“模速空间”的全产业链生态构建）以促进协同。

1.4 行业数字化发展现状和趋势

1.4.1 水利行业数字化发展现状和趋势

1.4.1.1 水利行业数字化发展现状

水利行业的数字化发展已经迈入从信息化建设向全面数字化转型的重要阶段，整体呈现基础设施初具雏形、技术应用不断深化、数字孪生开始探索的显著特征。经过多年持续建设，目前我国水利系统已经构建起相当规模的基础设施网络，在全国范围内的江河湖泊、大中型水利工程等重点区域，累计部署各类监测站点超过 10 万处，这些站点共同构成了一套全天候不间断运行的水利监测感知体系。值得注意的是，这个庞大的监测网络每年产生的数据量保持 10%以上的稳定增长态势，这些海量数据为水利行业实现数字化转型提供了坚实的数据支撑和基础保障。

水利行业在技术创新应用方面涌现出许多具有代表性的典型案例。以农村供水领域为例，自动化光伏扬水系统这一创新解决方案充分展现了数字技术在农村地区的突破性应用。该系统创造性地将太阳能发电技术与超级电容器储能技术相结合，实现了供水系统“全自动运行”和“零污染排放”的智能化管理目标。与此同时，“云上治水”这一新型管理理念正在逐步改变传统的水利工程管理模式，该理念通过远程实时监控和大数据分析驱动的方式，实现了工程管理模式的全面革新。以三峡工程为例，项目团队通过部署云端数据监控系统，成功实现了地下 70 m 深处施工过程的精准管控，大幅提升了工程质量和安全水平。

尤其在数字孪生技术应用方面，水利行业已经进行了积极探索。这项前沿技术目前主要应用于防汛抗旱、水资源管理等关键业务场景，其核心在于构建包含全要素的数字镜像系统，实现对物理世界的虚拟映射和仿真模拟。长江防汛抗旱总指挥部开发的防汛抗旱辅助决策系统就是一个成功案例，该系统通过数字孪生技术显著提升了流域防洪调度能力和应急响应效率。

然而，水利行业数字化发展仍面临诸多挑战和问题。其中最为突出的是区域发展不平衡和技术标准不统一的问题。特别是在一些边远地区和欠发达区域，水利感知设施的覆盖率明显不足，数字技术应用的深度和广度均相对有限，这些因素严重制约了水利行业整体数字化转型的进程。此外，“数据孤岛”现象仍然存在，不同系统间的数据共享和业务协同有待加强。

1.4.1.2 水利行业数字化发展评价

从政策环境来看，近年来国家层面陆续出台了一系列具有战略指导意义的政策文件，包括但不限于《全国水利信息化“十三五”规划》《智慧水利总体方案》等重要政策文本，这些文件从顶层设计的高度为水利行业数字化转型指明了发展方向，构建了制度框架体系。在这些政策的有力推动下，水利重点业务领域的信息化建设水平得到了显著提升，为行业整体数字化转型奠定了坚实的政策基础。

水利信息化建设投资呈现稳定增长的良性发展态势。根据权威统计数据，水利信息化投资占水利总投资的比重从 2016 年的 1.6%稳步提升至 2023 年的 15.2%。特别是在“十四五”规划期间，水利信息化领域的总投资规模预计将突破 1 500 亿元大关，这些持续增长的资金投入为水利行业实现数字化转型提供了强有力的财力保障和资源支撑。

从技术创新和应用实践的角度来看，以 5G 通信技术、北斗卫星导航系统、智能传感设备等为代表的新一代信息技术已经深度融入水利业务的各个环节。宁夏红寺堡区灌区通过部署数字孪生系统，成功实现了灌溉用水效率提升 30%以上的显著成效，这一典型案例充分验证了技术创新在水利实践中的巨大应用价值。类似的创新应用在全国各地不断涌现，展现了数字技术赋能水利发展的广阔前景。

在实施成效方面，三峡工程通过引入“云上治水”的先进理念，实现了工程建设全生命周期的数字化管控，大幅提升了工程管理效能。长江流域防汛抗旱辅助决策系统在 2020 年汛期的实战应用中发挥了关键性作用，这些成功实践有力证明了数字化手段在提升工程建设质量和防汛抗旱效能方面具有不可替代的重要作用。

1.4.1.3 水利行业数字化发展趋势

水利行业数字化发展正在向更高层次的智能化阶段迈进，呈现出技术深度融合、应用领域持续扩大、治理效能显著提升的鲜明特征。从技术演进的发展轨迹来看，未来将形成以“2+N”为基本框架的智慧水利体系架构，这一架构以防洪调度和水资源管理两大核心业务为支柱，同时有机整合河湖管理、水土保持等多项业务功能。通过数字孪生、人工智能等前沿技术的深度交叉融合，构建起“预报—预警—预演—预案”四位一体的完整决策支持链条，为水利治理提供全方位的技术支撑。

数字孪生技术的应用将迎来突破性进展，通过建立覆盖整个流域范围、贯穿工程全生命周期的精细化数字镜像系统，并依托物联网技术实现实时数据驱动，可以显著提升在洪水演进过程模拟、水资源优化配置等复杂业务场景中的决策精准度。以三峡水库为例，其出入库流量分析的实际案例充分证明，借助 Tableau 等先进数据可视化分析工具，水利决策正逐步实现从依赖传统经验判断向基于数据分析的科学决策转变，这一转变将大幅提升决策的科学性和可靠性。

预计到 2035 年，水利治理将形成“区域协同+流域统筹”的新型治理格局。通过建立跨流域的数据共享机制和智能联动平台，实现防洪调度、生态流量保障等重要业务的全局优化配置。特别值得关注的是，随着区块链等可信技术的逐步引入和应用，水利数据要素的市场化配置机制将不断完善，推动形成以政府为主导、多方主体共同参与的智慧水利生态系统。通过深度的数字化变革，全面提升国家水安全保障能力，最终实现“人水和谐共生”的可持续发展美好愿景。

1.4.2 工业数字化发展现状

1.4.2.1 工业数字化发展的时代背景

当前我国数字经济进入全新发展阶段，工业数字化作为产业数字化的重要组成部分，是将数字技术深度应用于工业生产、管理和服务全流程的系统性变革。党的二十大报告明确指出，要健全促进实体经济与数字经济深度融合制度，培育壮大先进制造业集群，推动制造业高端化、智能化、绿色化发展。在此背景下，中国工业数字化发展呈现技术突破与场景创新相互促进的良性循环，为构建现代化产业体系奠定了坚实的基础。

1.4.2.2 工业数字化技术体系的发展现状

（1）智能制造技术的突破与成熟度提升

智能制造作为工业数字化的核心领域，近年来在我国取得了显著进展。根据中国电子技术标准化研究院的评估数据，我国智能制造能力成熟度呈现出快速提升态势。2019—2022 年，一级及以下成熟度等级的制造业企业占比从 85%下降至 63%，二级成熟度等级企业占比从 12%上升至 21%，三级成熟度等级企业占比从 2%增长至 12%，四级及以上成熟度等级企业占比从 1%提升至 4%。这一数据变化表明，我国制造业企业正从最初的观望阶段逐步迈入实际行动阶段，中高等级企业数量显著增加。

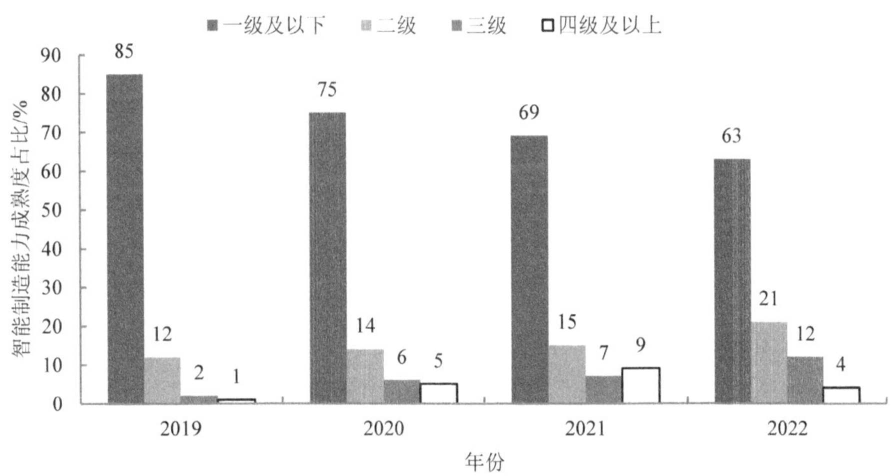

图 4 智能制造能力成熟度占比

从行业分布来看，计算机通信和其他电子设备制造业、汽车制造业、电气设备和器材制造业、医药制造业、化学原料和化学制品制造业连续3年位列智能制造TOP10行业，其中计算机通信和其他电子设备制造业与汽车制造业长期处于领先地位，已成为我国智能制造发展的标杆行业。截至2022年年底，我国已建成2 100多个高水平的数字化车间和智能工厂，其中包括209家示范标杆工厂。这些智能制造示范工厂的生产效率平均提升32%，资源综合利用率平均提升22%，产品研发周期平均缩短28%，运营成本平均下降19%，产品不良率平均下降24%。

（2）工业互联网平台体系的构建与完善

工业互联网作为推动“中国制造”向“中国智造”转型升级的重要支撑，已在我国形成多层次平台体系。目前，我国基本形成“综合型+特色型+专业型”的工业互联网平台供给体系，总数超过270家，包括50个跨行业跨领域的综合型工业互联网平台、187个面向重点行业和区域的特色型工业互联网平台以及44个面向特定技术领域的专业型工业互联网平台。重点平台平均承载工业机理模型超过2.45万个，覆盖九大领域，共承载工业机理模型超过123.7万个。

在标准化建设方面，2020—2023年，国家密集出台了11项工业互联网领域国家标准、30项行业标准、10项地方标准和166项团体标准。2024年8月，国家市场监督管理总局批准《工业互联网平台　监测分析指南》《工业互联网平台　解决方案分类方法》等4项工业互联网平台国家标准，从供给侧与需求侧两端出发，为工业互联网平台提供规范指导，增强产业供给能力。

（3）“5G+工业互联网”的融合创新发展

近年来，“5G+工业互联网”融合发展进入快车道，形成生产单元广泛连接、数据要素充分利用、创新应用高效赋能的“5G工厂”。全国“5G+工业互联网”在建项目超过1万个，覆盖工业全部41个国民经济大类。中国移动5G智慧工厂项目超过4 000个，中国联通5G智慧工厂项目达到3 500个。

5G技术与工业互联网深度融合带来变革性影响。“5G+工业互联网”的应用范围已从早期的视频监控、质量检测等生产外围环节，逐步向研发设计、生产控制等制造核心环节延伸。在广东顺德，“5G全连接”智能制造示范工厂实现了机器人手臂精准作业和AGV零差错调度；在内蒙古呼伦贝尔，传统食品工厂通过“5G智慧工厂”系统实现了农产品加工全流程数据采集与实时反馈；在江苏南京，“5G+数字孪生”技术实现了“产品不落地”的自动化生产运输。

1.4.2.3　工业数字化技术的典型应用场景

（1）智能生产场景的全面普及

“机器人同事”包揽重活累活、“无人工厂”24 h不间断生产已成为我国先进制造业的常态。在智能制造示范工厂，数字化技术已深度融入生产全流程：数字化设计技术缩短了产品研发周期；数据采集与分析技术实现了生产过程的实时监控与优化；虚拟现实与增强现实技术提升了员工培训效率与操作精准度；数字孪生技术构建了物理工厂的虚拟映射，支持生产系统的仿真优化。

以汽车制造业为例，通过工业互联网的优化支持，企业实现了坐在办公室盯着大屏幕点击鼠标，便可指挥千里之外的工厂生产的智能场景。“透明化生产线”能够监测全流程作业数据，使管理者能够实时掌握生产状态，快速响应异常情况，大幅提升了生产系统的柔性与可靠性。

（2）数字孪生与信息物理系统的深度应用

数字孪生技术作为工业数字化的重要使能技术，在我国高端装备制造、航空航天、电力系统等领域得到广泛应用。通过构建物理实体的数字化双胞胎，企业能够在虚拟空间进行产品设计验证、生产工艺优化和设备预测性维护，显著降低了试错成本，提高了创新效率。

信息物理系统（CPS）的推广应用则实现了制造系统中计算、通信与控制技术的有机融合。在工业和信息化部的支持下，2018—2019 年共立项支持 24 项 CPS 试点示范项目，推动了制造系统向自感知、自决策、自执行方向演进。这些系统通过实时采集生产现场数据，结合边缘计算与云计算技术，实现了生产过程的闭环优化控制。

（3）低代码平台与云计算的普及应用

“大型企业建平台、中小企业上云上平台”已成为行业共识。低代码开发平台降低了工业应用开发门槛，使业务人员能够快速构建满足特定需求的应用程序，加速了工业知识的软件化沉淀。根据中国信息通信研究院《云计算白皮书（2024 年）》统计，2023 年我国云计算市场规模达到 6 165 亿元，相较于 2022 年增长了 35.5%（图 5）。其中，公有云与私有云市场规模分别为 4 562 亿元与 1 563 亿元，同比增长 40.1%与 20.8%。

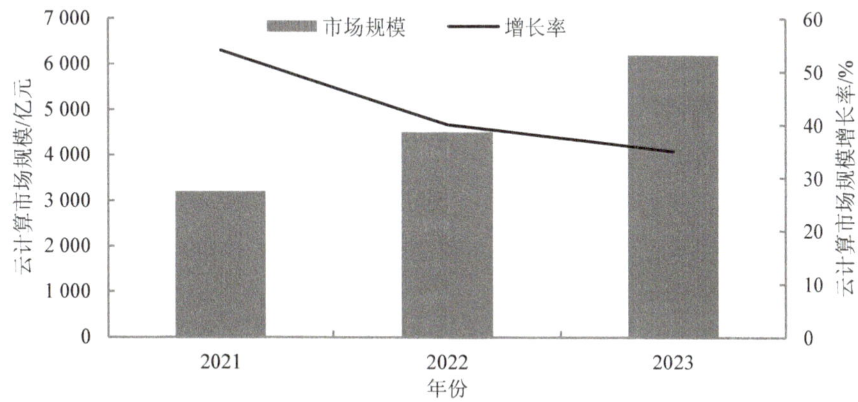

图 5　云计算市场规模和增长率

从细分领域来看，IaaS、PaaS 和 SaaS 市场总额分别达到 3 383 亿元、598 亿元和 581 亿元，市场增长率分别为 38.5%、74.9%和 23.1%。PaaS 领域的快速增长反映了人工智能大模型商业化落地带来的技术红利，而 SaaS 市场的稳步扩张则表明中小企业数字化转型需求持续释放。

1.4.2.4 工业数字化发展的区域与行业差异

（1）区域发展的不平衡格局

我国工业数字化发展呈现出明显的区域差异。根据 CSMAR 数据库分析，东部地区在战略引领、技术驱动、组织赋能、环境支撑等方面均显著领先于中西部地区。以战略引领指数为例，东部城市工业企业管理层在数字创新导向的强度、广度、持续性、前瞻性等方面都远高于中部、西部城市的工业企业（图 6）。

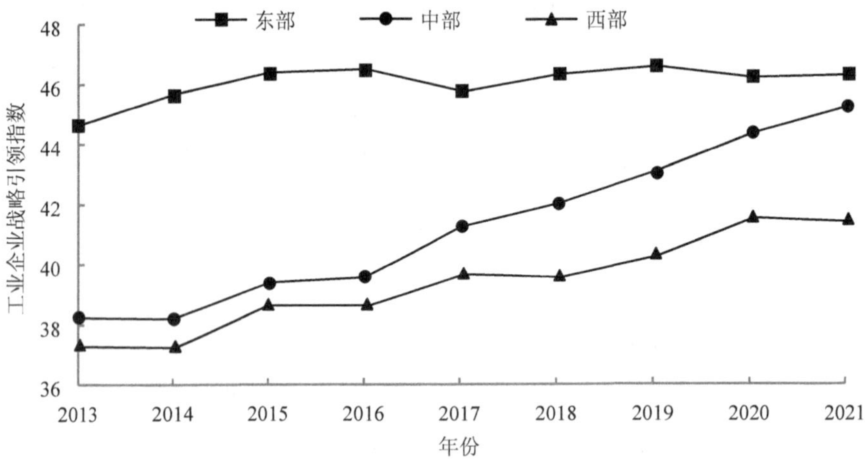

图 6 工业企业战略引领指数

技术驱动方面同样呈现梯度差异，东部城市工业企业的人工智能、区块链、云计算、大数据等技术应用最为广泛。值得注意的是，党的十八大以来，各地区工业企业的技术驱动指数总体呈上升趋势，东部、中部、西部的技术驱动指数逐渐接近，显示出技术扩散效应正在显现（图 7）。

从智能制造成熟度来看，江苏、山东、湖南、安徽、广东等省份长期处于全国领先地位。2022 年，福建、湖北、上海、河南和辽宁等省（市）也进入前十名，工业数字化发展正从沿海向内地逐步扩展。

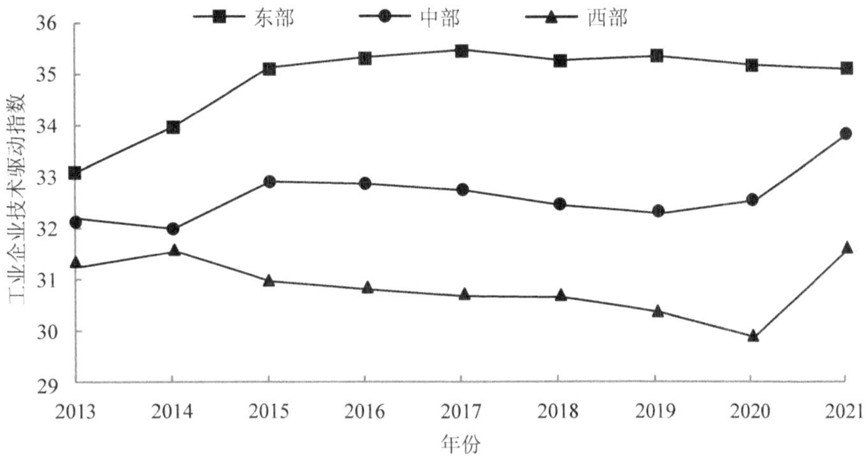

图 7　工业企业技术驱动指数

（2）行业应用的差异化特征

不同行业的数字化转型进程存在显著差异。制造业在战略引领、技术驱动、组织赋能、环境支撑、数字化应用等方面均显著高于采矿业与电力、热力、燃气及水生产和供应业。以数字化应用指数为例，制造业在技术创新、业务创新、流程创新上都远高于其他两类行业，且自党的十八大以来一直保持稳步上升态势。

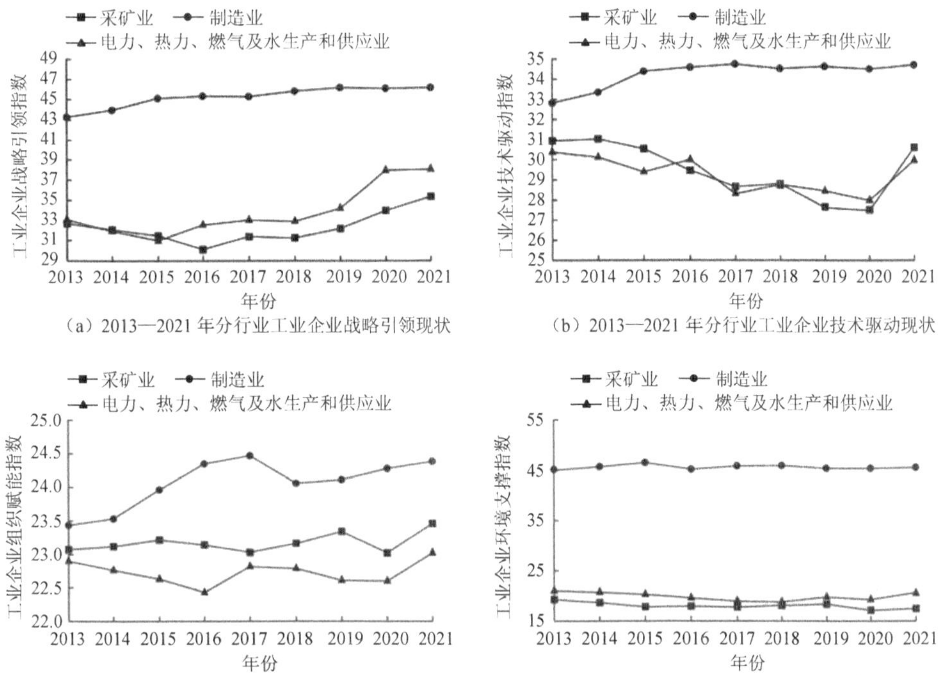

（a）2013—2021 年分行业工业企业战略引领现状　（b）2013—2021 年分行业工业企业技术驱动现状

（c）2013—2021 年分行业工业企业组织赋能现状　（d）2013—2021 年分行业工业企业环境支撑现状

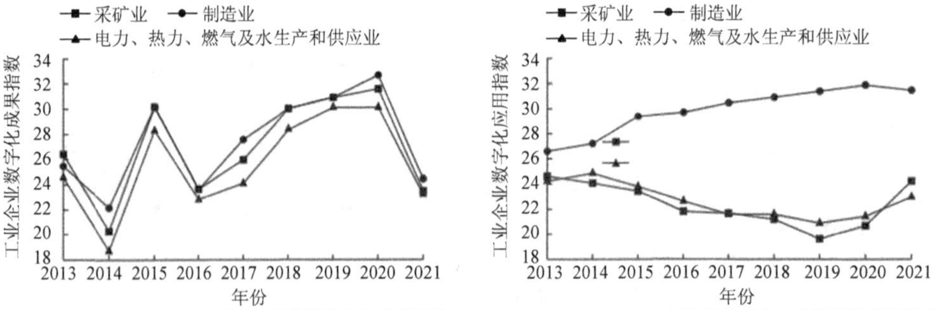

（e）2013—2021 年分行业工业企业数字化成果现状　（f）2013—2021 年分行业工业企业数字化应用现状

图 8　工业企业行业数字化差异

消费品行业中，家电行业的工业互联网应用最为广泛，超过 40%的消费品行业示范项目来自该领域，应用方向涉及智慧工厂、供应链协同、研产销一体化等；纺织行业示范项目占比约 20%，主要聚焦平台化设计与个性化定制；食品行业关注产品质量溯源、供应链协同一体化；医药行业则侧重于药品质量溯源、数字化运营等环节。

1.4.3　文化行业数字化发展现状和趋势

1.4.3.1　文化行业数字化发展现状

（1）文化行业数字化保护现状

我国文化行业数字化保护工作已形成较为完整的体系，在文化遗产、非物质文化遗产及公共文化服务等领域均取得显著成效。

在文化遗产数字化保护方面，我国已建立起较为完善的技术体系和工作机制。自 20 世纪 90 年代初起步以来，数字化建模、虚拟修复、数字化展示、数字化复制存储等关键技术得到广泛应用。以故宫博物院为例，其数字化建设始于 1999 年，通过建立影像数据库、开通“数字故宫”网站、开展数字测绘等系列工作，可为观众提供资讯、导览和时空漫游等全方位的信息服务。秦始皇兵马俑博物馆则运用全景摄影、虚拟现实等技术手段，为公众游览和学术研究提供数字信息，并创新性地利用计算机复原技术解决文物修复难题。河姆渡文化遗址、武陵地区文化遗址、圆明园遗址等文化遗产管理单位也都在大力推进数字化策略研究。

非物质文化遗产数字化保护取得突破性进展。中国非物质文化遗产网 • 中国非物质文化遗产数字博物馆利用数字化技术和网络平台，系统展示和传播中国及世界非物质文化遗产的专业知识。各省（市）积极建设地区性非物质文化遗产数据库，如山东省非物质文化遗产保护中心官方网站、山西省非物质文化遗产保护中心官方网站、浙江非物质文化遗产资源库等，为非物质文化遗产数据库建设作出重要贡献。此外，《中国非物质文化遗产档案》《我在故宫修文物》《手造中国》等一系列非物质文化遗产题材的影音作品大量涌现，为非物质文化遗产保护提供了翔实的影音档案。

公共文化行业数字化建设持续推进。我国公共文化数字化建设工作始于 2002 年 4 月由文化部和财政部联合实施的文化共享工程试点。“十一五”期间，国家启动了以文化信息资源共享、农村电影数字化放映等为代表的国家公共文化行业数字化惠民工程。“十二五”期间，《关于进一步加强公共数字文化建设的指导意见》明确提出公共数字文化建设的指导思想、建设原则和目标任务。“十三五”期间，《“十三五”时期公共数字文化建设规划》明确了六项重点任务，包括构建互联互通的公共数字文化服务网络、打造公共数字文化资源库群等。“十四五”期间，《“十四五”文化发展规划》进一步强调提升公共文化行业数字化水平，加快文化产业数字化布局。

（2）文化行业数字化利用现状

文化行业数字化利用呈现出多元化、融合化的发展态势，新型文化业态不断涌现。

数字文旅融合成为文化行业数字化利用的重要方向。五台山、平遥古城、皇城相府等文化旅游景区在重要节假日期间推出云直播旅游，通过短视频、直播、视频播客等方式让游客参与移动端文化行业数字化体验，既满足了人们的文化需求，又创新了旅游服务模式。这种数字文旅融合模式有效盘活了传统文化旅游资源，推动传统文化和旅游业态发展为新型数字文旅业态。

元宇宙概念的兴起为文化行业数字化利用开辟了新空间。由国家文物局等推出的“云游长城”小程序，使用 VR 技术复刻了喜峰口西潘家口段长城，提供沉浸式的虚拟现实体验，同时开发修缮长城等相关游戏功能，实现了文化传播与保护教育的有机结合。元宇宙技术正在重构人、场、物的关系，创造超现实的文化体验场景。

数字文化产业链逐步完善。文化和旅游等产业高度融合，数字文化生态日益丰富。《中华人民共和国国民经济和社会发展第十四个五年规划和2035年远景目标纲要》《“十四五”数字经济发展规划》都对文化行业数字化创新发展进行了战略布局，推动形成稳健增长和繁荣发展的产业态势。

（3）文化行业数字化传播现状

数字技术极大拓展了文化传播的广度和深度，创新了传播方式。传统文化行业数字化传播成效显著，北京密云民间五音大鼓借助门户网站、视频平台等进行传播，吸引了国内外曲艺爱好者的广泛关注。《康震品读古诗词》等数字文化产品，通过创新形式向观众传达中华诗词歌赋的独特魅力，优化了传统文化的传播方式。数字游戏成为传承中华文化的新载体，如《梦幻聊斋》《轩辕传奇》等网络游戏，在场景布置、人物选取、情节设置等方面均来源于传统文化元素，让玩家在娱乐过程中感受中华传统文化魅力。虚拟展馆建设取得重要进展，VR 技术的应用打造了线上博物馆互动新体验，突破了传统博物馆展示的时空限制，实现了参观体验的升级，使文化学习与传播更加高效、便捷。

1.4.3.2 文化行业数字化发展评价

我国文化行业数字化发展已形成较为完整的政策体系和技术路线，在多个领域取得显著成效。

政策体系日益完善。从中央到地方，各级政府出台了一系列推动文化行业数字化发展的政策措施。如中共中央办公厅、国务院办公厅印发的《关于推进实施国家文化数字化战略的意见》，明确了到 2035 年实现中华文化全景呈现、中华文化行业数字化成果全民共享的主要目标。

技术创新不断突破。数字化建模、虚拟现实、人工智能等技术在文化领域的应用日益深入。以故宫博物院、敦煌研究院为代表的文保单位，探索出以数字技术、文化资源、创新应用为依托的文化行业数字化模式，为行业发展提供了示范。

社会效益显著提升。文化行业数字化极大拓展了文化服务的覆盖面和可及性，使更多人能够便捷地获取优质文化资源。如“数字敦煌”资源库平台向全球发布敦煌莫高窟 30 个经典洞窟的高清数字化资源和全景漫游场景，极大地促进了敦煌文化的传播。

1.4.3.3 文化行业数字化发展趋势

（1）技术驱动下的深度融合发展

5G、人工智能等新技术将推动文化行业数字化向更高水平发展。高带宽、低延时、多连接的 5G 通信技术将带来全新的文化行业数字化体验；AI、机器学习等技术的升级将提供更智能化的服务；物联网技术将实现文化场所的全面感知和实时监测。

元宇宙应用将拓展文化表现新空间。随着元宇宙概念的发展，数字文化的利用模式正在发生深刻变革，虚实相生的数字化环境将重塑文化体验方式，创造超现实的沉浸式体验。“未来博物馆”“未来景区”等数字化产品将为中国文化展现提供全新载体。

技术融合创新将催生新型文化业态。数字技术的综合运用将为文化保护、利用和传播提供一体化解决方案，促进文化产品的革新升级，形成更加丰富多元的文化产业生态。

（2）体系化建设与协同发展

资源整合将成为重要方向。通过构建行业间文化资源数据共享平台和数据库，实现信息资源的互联互通，解决碎片化问题。只有着眼于文化数字资源系统，营造开放共享环境，才能实现文化资源的可持续利用。

标准体系将逐步完善。随着文化行业数字化深入发展，技术标准、数据标准、服务标准等将日益健全，为行业健康发展提供规范指引。国际层面，我国在国际标准化组织（ISO）新设立的文化遗产保护技术委员会中发挥主导作用，并推动了全球首个文化遗产保护国际标准的立项。同时，在国内，我国已发布《资产管理　文化数字资产交易实施指南》《资产管理　文化数字资产价值评估指南》等文化数字资产与数据管理的国家标准，这些实践为文化行业的数字化标准建设提供了重要基础和借鉴。

区域协同发展格局将形成。通过政策引导和市场机制，促进东中西部地区文化行业数字化协调发展，缩小区域差距。数字文化经济发展将带动欠发达地区文化资源价值实现，促进资源整合和共享。

（3）社会化参与和全球化传播

多元主体参与格局将巩固。文化行业数字化发展需要政府、企业、社会组织和公众的共同参与。政府提供政策引导和制度保障，企业推动技术创新和应用落地，社会组织促进资源整合，公众参与体验和反馈，形成良性互动机制。

全球传播能力将显著提升。数字技术将极大增强中华文化的国际传播力，通过数字化平台和渠道，向世界展示中华文化魅力。我国在"一带一路"框架下的文化行业数字化合作，也将促进文化交流互鉴。

数字文化贸易将蓬勃发展。随着文化行业数字化水平提高和产权保护完善，数字文化产品和服务贸易将快速增长，成为对外文化贸易的重要组成，助力提升国家文化软实力。

1.4.4 纺织业数字化发展现状

1.4.4.1 纺织业数字化转型的时代背景

纺织业作为我国国民经济和社会发展的支柱产业，正处于由传统制造向智能制造转型升级的关键阶段。在国家"十四五"规划明确提出建设网络强国、数字中国的战略背景下，纺织业数字化转型已成为提升产业竞争力、实现高质量发展的必由之路。当前，全球纺织产业格局深刻调整，消费者需求日益个性化，环境约束持续强化，这些因素共同推动着纺织业加速数字化技术应用，构建"绿色化、数字化、现代化"的新型产业生态。

1.4.4.2 纺织业数字化技术发展现状

（1）智能制造装备与系统的普及应用

我国纺织业在智能制造装备研发与应用方面取得了显著进展。在纺纱工序中，自动抓包机已实现原料的智能化识别与精准投放；织造工序中的整经自动上纱系统大幅提高了生产效率；自动导引运输车（AGV）的广泛应用实现了物料运输的无人化与精准化；基于 OCR 技术的文字识别电子设备显著提升了纺织服装标识检验的自动化水平。这些智能化装备的应用使传统纺织生产线的自动化程度显著提高。

在企业管理系统方面，ERP（企业资源计划）和 MES（制造执行系统）等信息化管理系统已在行业内广泛部署。以山东魏桥集团为例，通过建设企业数据中台全面采集生产数据，采购自动化、智能化生产设备构建智能生产场景，实现了从传统批量化生产向"小单快反"订单化生产的转变。数据显示，其智能纺纱工厂生产效率提高了 37.5%，万锭产品研发周期缩短了 35%，半成品质量综合指标提升了 20.8%，能源利用率提高了 8.8%，充分展示了数字化改造带来的综合效益。

（2）工业互联网平台的深度整合

纺织业工业互联网平台建设呈现快速发展的态势。头部企业通过构建覆盖全产业链的数字平台，实现了设计、生产、供应链等环节的深度协同。杭州犀牛智造、宏华数码印花等企业通过全链路数字化建设，建立了柔性化制造体系；江苏佳恒化纤、联宏纺织等企业通过“MES+”等系统的应用，优化了生产流程管理。

特别值得关注的是，服装 C2M（顾客对工厂）产业互联网平台的兴起。青岛酷特智能打造的服装 C2M 平台，提供从智能量体、智能研发设计到柔性生产、智能制造的全产业链解决方案，已为 150 多家企业提供数字化转型赋能。这种模式通过将客户个性化需求直接转化为生产指令，实现了真正意义上的“按需生产”，有效解决了传统纺织服装行业库存积压的痛点问题。

（3）数字孪生与虚拟仿真技术的创新应用

数字孪生技术在纺织业的产品设计、工艺优化等领域展现巨大潜力。通过构建物理实体的数字化映射，企业可以在虚拟环境中进行产品性能测试和生产流程模拟，大幅降低试错成本。在面料研发领域，数字孪生技术可实现织物的虚拟打样，将传统需要多次实物打样的过程数字化，显著提高研发效率。

虚拟现实（VR）和增强现实（AR）技术也在纺织服装领域得到创新应用。雅戈尔采用的 3D 量体技术，通过非接触式测量快速获取消费者身材数据，为个性化定制提供精准输入；部分品牌商利用 VR 技术进行虚拟时装展示，为消费者提供沉浸式的产品体验；AR 试衣技术则让顾客无须实际穿着即可预览服装效果，提升了购物体验。这些技术的应用不仅优化了企业研发流程，也创造了新的营销模式。

1.4.4.3 纺织业数字化应用场景分析

（1）个性化定制与柔性化生产体系

随着消费升级趋势的深化，纺织服装个性化需求快速增长，推动企业建立柔性化生产体系。领先企业通过数字化技术构建了“端到端”的定制化解决方案。

前端采用 3D 量体、虚拟试衣等技术精准捕捉客户需求；中台通过 PLM（产品生命周期管理）系统实现设计数据的快速转化；后端依托智能化生产线实现小批量、多品种的柔性制造。以雅戈尔为例，其 3D 量体+C2M 模式使消费者可以直接参与产品设计，选择款式和面料，数据系统自动将个性化需求转化为生产指令，实现了从“生产什么卖什么”到“需要什么生产什么”的根本性转变。

这种模式不仅满足了消费者的个性化需求，还通过精准的需求预测和计划排产，将传统服装企业平均 3～6 个月的库存周转期缩短至 15～30 天，显著提高了资金使用效率。数据显示，采用数字化定制模式的企业产品毛利率普遍比传统模式高出 10～15 个百分点。

（2）智能化工厂建设与生产优化

纺织业智能化工厂建设呈现从单机自动化向全流程智能化演进的特征。先进企业通过以下路径实现生产优化。

在设备层面，部署具有自感知、自决策功能的智能化装备，如具有质量自动检测功能的织布机、能根据工艺参数自动调节的染色设备等；在系统层面，构建覆盖订单管理、生产排程、质量追溯等全业务流程的数字化管理平台；在数据分析层面，应用人工智能算法对生产数据进行深度挖掘，实现工艺参数优化、设备预测性维护等增值应用。

常州宏大科技研发的 INSHK 定型机智慧系统具有大工艺数据存储、定型工艺自主决策与优化等功能，可大幅提高一次成功率，减少打样次数。据企业反馈，该系统应用后，染色一次成功率从原来的 60%提升至 85%以上，水、电、蒸汽等能源消耗降低约 15%，充分体现了数字化技术在提质增效、节能减排方面的双重价值。

（3）智能纺织品研发与创新应用

材料科技的进步为纺织业数字化转型提供了物质基础，智能纺织品呈现多元化发展趋势。

在健康医疗领域，集成生物传感器的智能服装可实时监测心率、呼吸等生理指标，如华尔科技推出的 ECG 智能衣；在安全防护领域，采用形状记忆材料的智能织物能在高温环境下自动收缩形成保护层，如热防护服；在军事应用领域，智能变色纺织品可根据环境光线自动调节伪装色；在日常穿戴领域，具有温度调节功能的智能服装为用户提供个性化舒适体验。

特别值得关注的是导电纤维材料的突破性进展。常熟市翔鹰特纤生产的铜系聚丙烯腈基导电纤维具有良好的导电性、抑菌性和抗皱性，可广泛应用于防静电、电磁屏蔽等特种纺织品领域。连云港杜钟新奥神氨纶推出的温感形状记忆氨纶和消臭氨纶，则为功能性纺织品开发提供了新的材料选择。这些创新材料的应用，显著提高了纺织产品的附加值和市场竞争力。

1.4.5 教育行业数字化发展现状

1.4.5.1 高等教育数字化的时代背景

高等教育作为人才培养和科技创新的主阵地，正经历着前所未有的数字化转型。世界各国和国际组织纷纷将教育数字化上升为国家战略，通过政策引导和技术创新推动高等教育体系的深刻变革。中国高等教育数字化已基本完成转化阶段，开始迈入转型阶段，呈现从基础设施数字化向教育全要素、全流程数字化转型的特征。

1.4.5.2 高等教育数字化技术发展现状

（1）智能教育平台与学习分析技术

全球高等教育数字化发展呈现平台化、智能化的显著特征。美国作为教育数字化起步较早的国家，已建立了 edX、Coursera 与 Udacity 三大慕课平台，形成了较为完善的在线教育生态体系。德国自 2021 年起着手建立国家教育平台（NDP），推进各类平台的互联互通，构建国家级数字教育基础设施。韩国推出的 K-MOOC 国家官方慕课平台，集中了国内一流高校的优质课程资源，为学习者提供了便捷的高质量学习机会。

学习分析技术在教育管理中的应用日益深入。美国普渡大学开发的“信号灯”（Course signal）系统，通过数据算法分析学生学习行为，为面临退学风险的学生提供及时干预。数据显示，使用该系统的学生毕业率提高了 21.48%，充分展示了数据驱动型教育管理的潜力。中国高校也积极构建学习分析系统，西安电子科技大学建设的全感知、全连接、全智能数据运营中心，实现了教学过程的精准监测与评估。

（2）虚拟仿真与混合现实技术

虚拟仿真技术在高等教育专业教学中的应用不断拓展。哈佛大学推出的 HarvardX 学习系统，支持“翻转课堂”等新型教学模式，约有 1/3 的学生注册学习。我国华中师范大学建设的 7 类 100 多间云端教室，集开放式、多场景教学教研于一体，实现了虚拟环境与实体课堂的有机融合。

混合现实技术为实验教学提供了新的解决方案。美国斯坦福大学在医学教育中应用增强现实技术，使学生能够通过虚拟解剖学习人体结构；麻省理工学院开发的虚拟实验室，允许学生远程进行高危险性的化学实验。这些技术的应用不仅突破了传统实验教学的时间和空间限制，还大幅降低了教学成本和安全风险。

（3）人工智能与个性化学习技术

人工智能技术正在重塑高等教育教与学的方式。自适应学习系统通过分析学生的学习行为和认知特点，提供个性化的学习路径和资源推荐。美国《2022 地平线报告：教与学版》指出，AI 助教和智能辅导系统已成为高等教育数字化转型的重要方向，能够为师生提供 24 h 在线的学术支持。

我国高校在人工智能教育应用方面取得了显著进展，“国家高等教育智慧教育平台”采用智能推荐算法，为不同学习者精准匹配课程资源。清华大学开发的“智谱”系统，利用自然语言处理技术实现学术文献的智能检索和分析。这些技术的应用极大地提高了教育资源的利用效率并改善了学生的学习效果。

1.4.5.3 高等教育数字化应用实践

（1）教学模式创新与混合式学习

全球高等教育机构积极探索线上、线下融合的混合式教学模式。英国开放大学率先采用在线教学和开放式办学模式，在全球范围内拥有 200 多万名学生，其中 75%是在职学习者。这种灵活的学习方式打破了传统高等教育的时空限制，为终身学习提供了可能。

我国高校在疫情防控期间大规模实践混合式教学。学堂在线联合清华大学等多所高校推出的微学位项目，通过线上、线下相结合的方式，实现了优质教育资源的广泛共享。截至 2022 年 11 月，中国累计上线慕课数量超过 6 万门，覆盖学习者近 10 亿人次，在校生获得慕课学分认定达 3.52 亿人次，形成了全球最大的高等教育数字化学习体系。

（2）教育管理智能化与数据驱动决策

高等教育管理正朝着智能化、精准化方向发展。美国斯坦福大学制订了数据管理计划（DMP），该校图书馆的数字存储库（SDR）提供数字资源的保存、托管和访问服务。麻省理工学院的 Atlas 一体化在线平台，集成了学校各类管理系统，为师生的教学科研活动提供全方位支持。

我国高校在智慧校园建设方面成效显著。上海理工大学制定的《“数字上理”12306 智慧校园总体规划》，构建了共建、共治、共享的数字化治理生态圈。西安电子科技大学通过人工智能技术重构学校治理体系，形成了更加扁平化、灵活开放的管理模式。这些实践表明，数据驱动的智能管理已成为提升高校治理效能的关键路径。

（3）教育评价改革与多元认证体系

数字化技术推动着高等教育评价方式的深刻变革。欧洲慕课联盟与美国部分州正在推行微证书的试点和评估，探索新型学习成果认证机制。这种模块化、积累式的认证体系，更加符合终身学习时代的需求，为学习者的职业发展提供了多样化路径。

我国在教育评价改革方面进行了有益探索。同济大学在慕课平台上开设的 13 门土木工程课程构成微专业，考核合格者可获得电子学位证书。高校虚拟教研室建设项目建立了全国高校教师的网络研修平台，促进了教师专业发展的多元评价。这些创新实践正在重塑高等教育的质量观和人才观。

1.4.5.4 高等教育数字化发展的国际比较

（1）战略规划与政策支持

世界各国高度重视高等教育数字化的顶层设计。美国先后推出 5 轮国家教育技术计划，形成了较为完善的政策体系；新加坡从 20 世纪 90 年代开始持续提出国家层面的教育数字化战略，最新的《教育技术计划（2020—2030）》明确了未来 10 年的发展路径。我国自 2012 年以来出台了一系列政策文件，为高等教育数字化提供了系统的顶层设计。

各国战略重点各具特色。英国注重重构学习空间和保障数据安全；韩国聚焦数字化平台建设和教学赋能；新加坡强调教师数字技能提升和课程数字化。我国则呈现全方位推进的特点，在育人方式、办学模式、管理体制、保障机制 4 个方面协同发力。

（2）资源投入与保障机制

美国高校在数字化方面的投入力度较大。调查显示，美国高校信息技术支出平均占学校总支出的 4.2%，每 1 000 名师生配备 10～17.3 名数字化专职人员。学校为每位员工提供的专业发展经费平均为 231 美元，形成了较为完善的人才培养体系。

我国高校的数字化投入持续增长。头部高校数字化建设经费占教育经费总支出的比例平均为 2.13%，专门负责数字化发展的人员数量占全校师生数量的 7%。61.51%的高校制订了教师信息技术应用能力培训计划，44.22%的高校开展信息化教学工作量评估，教师信息化教学能力逐步纳入评聘考核体系。

（3）国际合作与资源共享

高等教育数字化呈现明显的全球化特征。2022 年在北京举办的世界慕课与在线课程大会，凝聚了国际社会对教育数字化的共识。我国积极推动慕课出海，通过学堂在线国际版等平台面向全球开放课程，覆盖 14 个语种，服务 67 万人次国际学习者。

“慕课西部行计划”体现了数字化促进教育公平的价值。该计划为 725 所西部高校提供近 17 万门慕课及定制课程服务，占西部高校总数的 97.3%，有效缩小了区域间的数字鸿沟。这种以数字化促进教育均衡发展的模式，为全球提供了有益借鉴。

1.5 美丽中国数字化发展现状与趋势

数字化与绿色化的深度融合正成为推动美丽中国建设的关键动力。随着新一代信息技术的迅猛发展，数字技术为生态环境治理提供了全新手段，也为生态文明建设注入了创新活力。以下从美丽中国数字化发展的现状、趋势及存在的问题三个方面展开详细分析，系统梳理我国在数字化环境治理领域的成就与挑战，并展望未来发展方向。

1.5.1 美丽中国数字化发展现状

我国美丽中国数字化建设已取得显著进展，形成了一系列创新实践和典型模式，数字技术正深度融入生态环境保护的各个环节。

在政策体系与战略布局方面，我国已将数字生态文明建设上升为国家战略，形成较为完整的政策框架。《数字中国建设整体布局规划》明确提出“建设绿色智慧的数字生态文明”的目标，并将数字生态文明建设作为数字中国战略的重要组成部分。生态环境部等部门相继出台系列文件，推动人工智能、大数据等技术在生态环保领域的应用，构建美丽中国数字化治理体系。各地也积极探索，如福建、浙江等省率先推进“数字生态”建设，为全国积累了宝贵经验。

在技术应用与创新实践方面，数字技术在生态环境监测、保护、治理等环节得到广泛应用，形成了一批典型应用场景。无人机、智能机器人、卫星遥感等技术手段已广泛应用于生态环境监测领域，实现了对环境数据的精准识别和实时追踪。例如，黑龙江伊春利用无人机开展森林智能巡护，实现林区无死角监测；北京经济技术开发区部署“大气污染侦察兵”无人巡逻车，24 h 监测道路污染物；海南热带雨林国家公园构建“天空地”一体化综合监测体系；辽宁彰武建立智慧沙乡数字化平台监测土壤状况。

在数字治理平台与体系建设方面，全国一体化生态环境数据共享交换体系正在形成，生态环境综合管理信息化平台建设稳步推进。各地推动建立生态环境“数字网格员”制度，通过数字化监管手段突破传统治理的时空限制。政务服务平台如“浙里办”“粤省事”等集成环保服务功能，方便公众参与环境监督。智慧城市建设中也融入环保元素，如杭州“城市大脑”应用于西湖水质管理，优化水循环系统。

在基础设施与支撑能力方面，我国已建成全球规模最大的网络基础设施，5G 基站数量占全球的 60%以上，所有地级市全面建成光网城市。8 个国家算力枢纽节点和 10 个国家数据中心集群的布局完成，为生态环境大数据处理提供强大支撑。生态环境监测网络不断完善，传感器、图像解析等现代感知技术试点应用，推动监测向“天空地海”一体化方向发展。

1.5.2 美丽中国数字化发展趋势

随着数字技术的快速发展和生态文明建设的深入推进，美丽中国数字化发展呈现若干明显趋势，这些趋势将重塑生态环境治理的模式和路径。主要体现在以下几个方面：

深度融合与协同推进：数字化与绿色化的深度融合将成为未来发展的主流方向，形成“数绿融合”的孪生发展格局。数字技术将更全面地渗透到绿色发展各领域，同时绿色化理念也将引导数字产业本身的低碳转型。这种双向融合体现在数字基础设施的绿色化改造（如数据中心节能降耗）和绿色产业数字化转型（如智慧能源系统优化）两个方面。京津冀、长三角等区域将通过数字技术实现生态环境联防联控，推动区域环境质量整体改善。

技术创新与应用深化：人工智能、区块链、数字孪生等前沿技术在生态环境领域的应用将不断深化。环境治理将从“经验驱动”转向“数据驱动”，基于大数据的精准治污、科学治污成为主流。生态环境部信息中心提出，将加强大数据分析、数值模拟等技术应用，为碳达峰碳中和路径推演、环境经济形势研判等提供量化支撑。数字孪生技术将用于构建虚拟环境模型，模拟不同治理情景的效果；区块链技术将应用于碳排放数据可信记录和生态产品价值实现。

智慧化治理体系完善：未来将构建更加智慧高效的生态环境治理体系，实现从监测预警到决策执行的全流程智能化。生态环境部信息中心指出，将基于机器学习、知识图谱等智能模型和行业专用算法，自动、快速、精准发现生态环境问题。智慧环保系统将实现环境问题的“自动发现—智能分析—精准派单—处理反馈—考核评估”闭环管理。智慧城市建设将进一步整合环保功能，通过物联网实现城市能源、交通、建筑等系统的协同优化，降低整体碳排放。

全民参与和普惠共享：数字技术将降低公众参与环境治理的门槛，形成全民共治的生态环境治理新格局。碳普惠机制在全国多地推广，公众绿色行为可积累碳积分兑换奖励。AR/VR 技术用于环境教育，如“虚拟植树”可让公众线上认养树木并查看生长情况。生态环境部门通过 App、小程序等渠道，方便公众举报环境问题、获取环境信息，增加治理透明度和公众参与感。数字技术还将推动生态产品价值实现，帮助偏远地区将生态资源优势转化为经济收益。

标准化与国际化发展：我国将积极参与全球数字生态治理，推动相关标准和技术体系的国际交流合作。我国主导的智慧城市国际标准（如 ISO 37106）已融入环保指标，推动全球城市绿色转型。绿色“一带一路”建设中，我国企业推广新能源、智能交通等技术，助力沿线国家低碳发展。卫星遥感和 AI 建模技术支撑全球生态监测，为应对气候变化提供数据支持。国内数字生态文明建设经验将上升为国际规则，提升我国在全球环境治理中的话语权。

1.5.3 美丽中国数字化发展中存在的问题

尽管美丽中国数字化建设取得显著进展，但在推进过程中仍面临诸多挑战和问题，这些问题涉及技术、管理、制度等多个层面，制约着数字化与生态环境治理的深度融合。

数字化基础能力不平衡：生态环境数字化基础设施存在明显的区域差异和城乡差距，制约整体效能发挥。一方面，数字基础设施主要集中在发达地区，农村和偏远地区覆盖不足。生态环境部信息中心指出，信息化基础设施规模偏小，难以满足全面治理需求。另一方面，已建成设施的利用效率不高，各类监测系统标准不一，难以互联互通。北京林业大学专家指出，不同新型基础设施采用不同技术标准和平台，导致“技术整合和互操作性困难”。

数据资源体系不健全：生态环境数据的共享和开发利用仍面临多重障碍，“数据孤岛”现象突出。各部门数据系统相互独立，环保、农业、气象等领域信息缺乏有效整合。数据显示，生态环境保护数据存在“采集格式、集成类型和算法标准多元化”问题，影响数据对接和流动。数据权属不清晰、标准不统一也制约着数据要素市场的培育，40 余家数据交易机构活跃度不足。此外，城乡间数据开放意愿差异明显，农村地区数据采集和数据应用能力薄弱。

业务协同不足：数字生态治理中存在明显的条块分割问题，跨部门、跨区域协同机制不健全。生态环境部门内部系统林立，大气、水、土壤等系统相互分割，缺乏统一平台整合。中央全面深化改革委员会指出，需要“推动政府数字化、智能化运行”，但实践中部门壁垒依然存在。地方保护主义导致跨区域环境数据共享和联合执法困难，流域性、区域性环境问题难以系统解决。环保督察、河长制等制度与数字平台对接不足，降低了治理效能。

技术支撑能力有限：数字技术与生态环境治理的融合深度不够，原创性技术短板明显。核心技术研发和关键产品对外依存度高，生态环境专用算法和模型储备不足。专家指出，我国在“解决市场信息不对称方面还有很长的路要走，技术创新成效和经济高质量发展的要求还不匹配”。同时，技术应用场景较为单一，主要集中在环境监测领域，在源头防控、综合治理等方面的应用不足。数字产业本身的能耗问题也日益凸显，数据中心用电量已占全社会用电量的 2.7%。

制度保障不完善：支持数字生态文明建设的政策体系和制度环境仍有待优化。一方面，现有法律法规对数据产权、流通、交易等规定不明确，生态环境数据安全与隐私保护制度不健全。另一方面，数字环保产业发展政策支持不足，市场主体参与意愿不高。生态环境数字化转型缺乏统一的评估标准和考核机制，难以有效激励各方参与。此外，复合型人才培养机制不健全，既懂数字技术又熟悉环保业务的跨界人才短缺。

资金投入与回报机制缺失：数字生态文明建设面临可持续性挑战，长效投入机制尚未建立。农村地区数字生态建设投入不足，回报周期长，市场主体缺乏投资动力。专家指出，“智慧交通系统和农业数字化等领域的高成本投入和长回报周期制约着生态产业发展”。生态环境公共数据资源开发利用的商业模式不清晰，数据价值实现渠道有限。同时，资金使用效率不高，存在重复建设、资源浪费现象，降低了投入产出比。

参考文献

[1] 马成虎. 计算机技术在环境保护中的应用[J]. 信息记录材料，2025，26（8）：83-85.

[2] 龚淑林. 试论美国当代科学技术独占鳌头的原因[J]. 南昌大学学报（社会科学版），1994（3）：70-74.

[3] 集成电路及其学科的发展[J]. 鲁东大学学报（自然科学版），2025，41（3）：190.

[4] 庚晋，白杉. 纳米技术 开辟信息新时代[J]. 内蒙古广播与电视技术，2002（3）：19-22.

[5] 邹浩展. 光量子系统中的绝对计算优势及其物理资源的研究[D]. 南京：南京理工大学，2024.

[6] 李雯轩，李晓华. 全球数字化转型的历程、趋势及中国的推进路径[J]. 经济学家，2022（5）：36-47.

[7] 贾祥静. 突发事件下企业数字化转型对股票累计超额收益率的影响效应研究[D]. 南京：南京信息工程大学，2024.

[8] 徐颖. 价值链视角下制造企业数字化转型对成本控制的影响路径及效果研究[D]. 杭州：浙江工商大学，2023.

[9] 生成式人工智能发展及应用研究[J]. 软件和集成电路，2023（7）：74-80.

[10] 周伟良，李亚平. 智能经济对新质生产力发展的影响机制研究[J]. 华东经济管理，2025，39（8）：50-60.

[11] 蔡跃洲，牛新星. 中国数字经济增加值规模测算及结构分析[J]. 中国社会科学，2021（11）：4-30，204.

2 数字化架构技术

在数字化转型背景下，架构是支撑系统高效运转、实现业务与技术深度融合的核心骨架。具体而言，数字化架构体系中的“架构”是指在数字化环境中，对系统的组成要素（包括硬件设备、软件模块、数据资源、服务单元等）、各要素之间的关联关系、交互规则及整体运作逻辑的结构化设计与顶层规划，它为系统功能的实现、数据的流转、服务的协同提供了统一的底层框架和行动指南[1]。

构建数字化架构的必要性源于数字化进程中系统复杂性的持续提升。随着生态环境领域数字化建设的深入，多系统并行、多源数据交织、多业务场景叠加的特点日益凸显，传统分散化的系统建设模式逐渐暴露出数据孤岛、服务割裂、扩展困难、维护成本高等问题。而通过构建清晰的数字化架构，能够从根源上破解这些痛点：一是实现各系统、各模块的有序衔接，打破数据壁垒，保障服务与信息的高效集成和共享；二是规范数据资源的整合与管理流程，提升数据利用效率，为决策提供可靠支撑；三是增强系统对业务需求变化的适应性，确保功能可快速调整、灵活扩展，降低迭代成本；四是提升系统的稳定性与容错能力，保障核心业务持续运转。因此，构建合理的数字化架构体系是支撑生态环境领域数字化建设高质量推进的关键前提[2]。

在数字化架构实践中，SOA 架构、微服务架构、业务中台架构是应用较为广泛的 3 种主流模式，它们在系统解耦、服务协同、扩展性等方面各有侧重与优势。

为保障各系统之间服务和信息的集成与共享，保障各类数据资源的有效整合和充分利用，保障未来业务发展需求变化后系统功能的快速、灵活调整，选择合理的平台架构及功能设计尤为重要，以下对上述 3 种架构体系进行对比介绍。

2.1 SOA 架构

SOA 架构是 Service-Oriented Architecture 的缩写，是面向服务的一种组件模型。SOA 架构将应用程序的不同功能单元（称为服务），通过各种服务之间定义良好的接口和契约联系起来。接口是采用中立的方式进行定义的，独立于实现服务的硬件平台、操作系统和编程语言。在 SOA 架构中，服务层是基础，可以直接被调用，从而有效地控制系统中与软件代理交互的人为依赖性。SOA 架构还可以根据需求，通过网络对松散耦合的粗粒度，应用组件进行分布式部署、组合和使用[3]。

面对生态环境发展中的挑战，采用 SOA 模块化技术架构来解决问题。通过构建数据和系统的模块化服务框架，建立生态环境预测预警管理、生态环境闭环管理以及生态环境质量状况等模块。这些模块的构建使生态环境大数据管理平台的开放共享和智能分析得以实现。同时，还为生态环境建立了完善的大数据应用管理相关规范体系，全面支持生态环境监管能力的高效运转，以及未来业务应用服务的扩展。

SOA 架构的出现解决了系统间的集成、系统的服务化以及业务的服务化等诸多问题。它为系统带来了有序性、复用性和高效性，使系统的各个组成部分能够更加协调地相互配合。图 9 展示了 SOA 架构的基本结构和组成要素。

图 9　SOA 架构的基本结构和组成要素

2.2　微服务架构

作为一种软件开发的架构风格，微服务架构将复杂的应用程序划分为一组小型、独立的服务，每个服务负责特定的业务功能，从而实现模块化和解耦[4]。每个微服务都可以独立进行部署和开发，方便了针对单个服务的升级和修复，而无须影响整个系统。基于微服务的独立性，系统具备良好的可扩展性，可以根据每个服务的需求进行单独扩展，有效地处理不同服务之间的性能和资源需求。在微服务架构中，服务之间的故障通常不会相互影响，这有利于提高系统的容错能力和稳定性。基于微服务的独立性，持续集成（CI）和持续交付（CD）也更容易实施，从而加速了需求开发和发布的过程。

针对生态环境发展遇到的问题，采用微服务架构来解决问题。通过构建数据和系统的微服务化框架，建立生态环境预测预警管理、生态环境闭环管理以及生态环境质量状况等微服务模块。这些微服务的构建使我们能够实现生态环境大数据管理平台的开放共享和智能分析，以及未来业务应用服务的扩展。

图 10 展示了微服务架构的基本结构和组成要素。

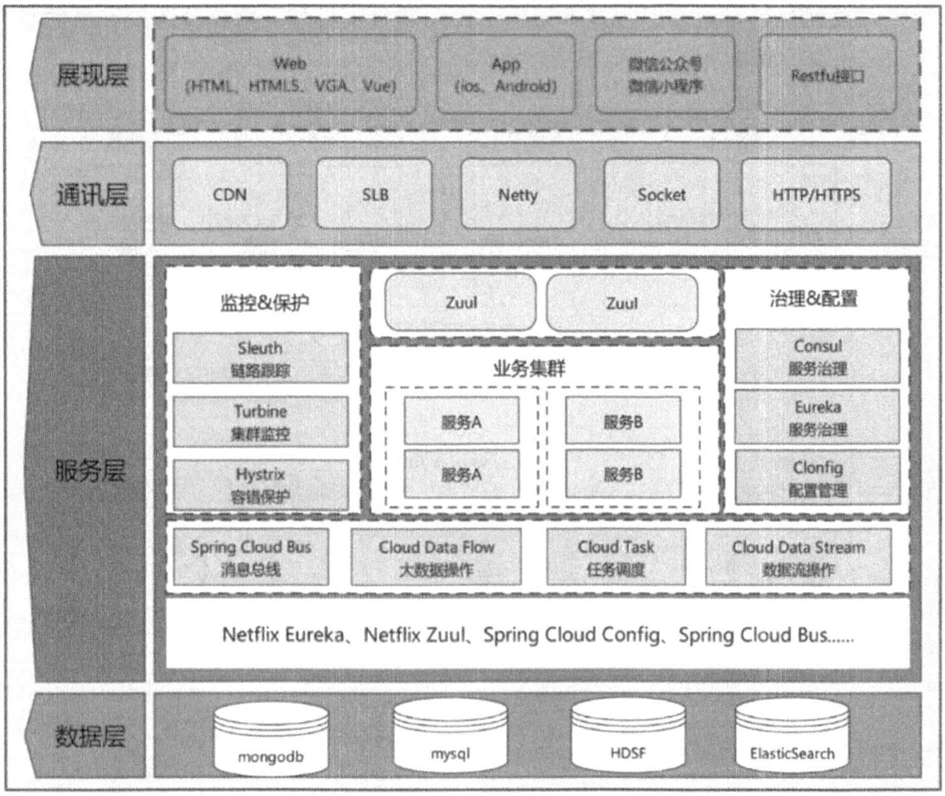

图 10 微服务架构的基本结构和组成要素

2.3 业务中台架构

生态环境是一套极为复杂且精妙的体系，构建一个能够全面覆盖整个地球生态系统的业务中台显得尤为重要。平台需要能够整合多源异构的数据的能力，实现对地球各圈层的实时监测与动态分析。以先行的数字地球为例，其具备强大的数据处理和分析能力，可以整合和分析来自不同圈层的海量数据。通过利用先进的技术手段，数字地球不仅能够精确地反映地球各圈层的当前状况，还能够预测未来的变化趋势，为生态环境保护和人类活动的可持续发展提供科学依据与决策支持。

空天大数据共享服务云平台具有对以遥感影像为主的海量多源异构空间数据的统一存储、管理和服务发布的能力，提供包括影像、矢量、高程、倾斜摄影、地名在内的众多数据服务以及标准化的服务访问接口，既可以为各行业的用户建设与遥感、空间数据相关的各类应用系统提供稳定的服务支撑，也可以助力用户快速构建专属的卫星影像或空间数据服务中心，实现用户数据的集中管理、共享和应用。

空天大数据共享服务云平台技术架构主要由基础支撑层、数据资源层、平台服务层、平台应用层组成，见图 11。

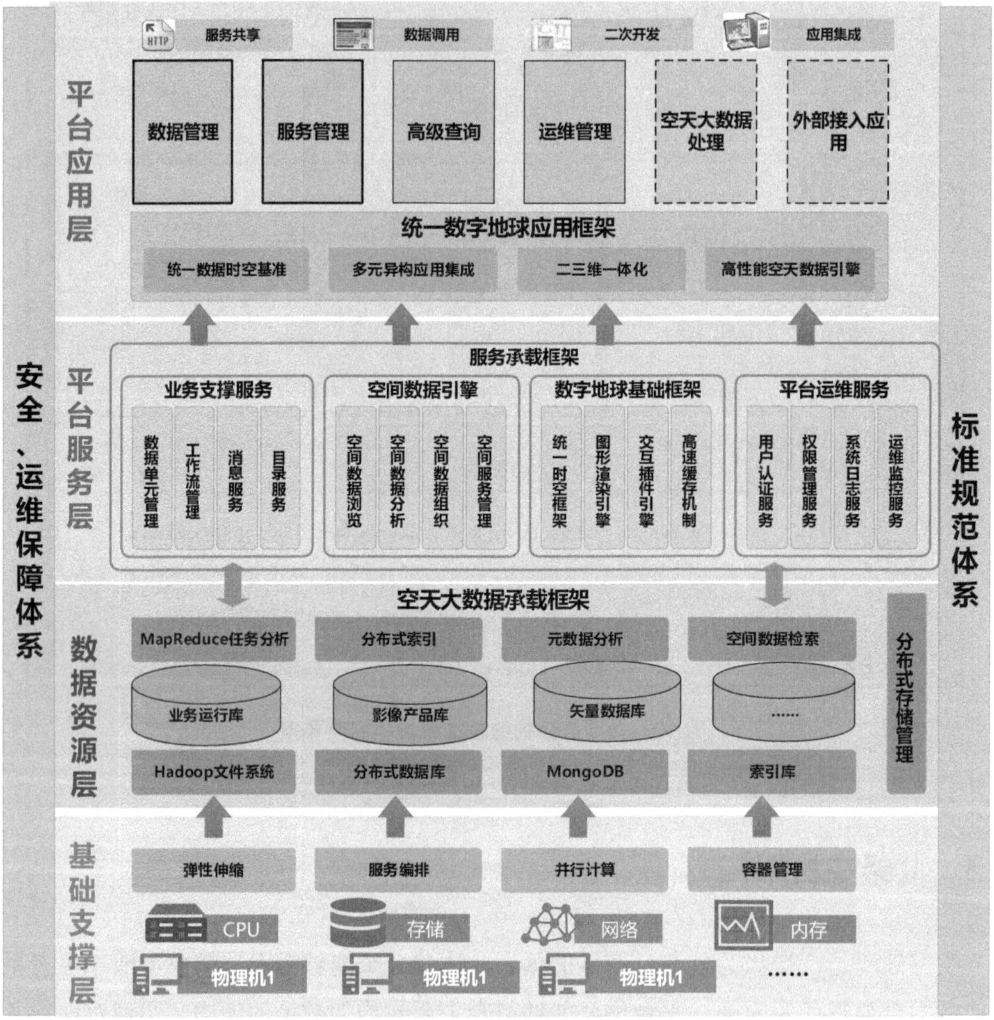

图 11　空天大数据共享服务云平台技术架构

空天大数据可视化平台作为面向二次开发用户的数字地球客户端开发平台，具有对遥感影像、地形数据、GIS 数据、三维模型、动态数据等各类空间数据的综合可视化能力，支撑用户对多类型数据进行查看、量测、标绘与分析。平台提供丰富的二次开发接口及范例代码，能显著降低开发门槛，缩短开发周期，节约开发成本，助力用户快速构建基于数字地球的各行业应用。

开发平台包括一套二次开发接口规范，提供了基础的图形绘制、影像加载、视角操作的接口，以及丰富的图形绘制接口、三维空间分析接口、算法库、大批量绘制接口以及原生插件规范。具备高效绘制大批量数据能力及天然跨平台能力。

在线模型平台提供了一个全面的生态环境类模型库，涵盖各种环境领域的模型，包括但不限于气候模型、生态系统模型、水文模型等，这些模型可以帮助用户进行环境影响评估、资源管理优化、风险预测等工作，为项目决策提供科学依据。

2.4 各类架构优劣势分析

SOA 架构以其对服务重用和集成的强调而广受关注。在实际应用中，SOA 架构将应用程序的不同功能单元拆分为相互独立的服务，这些服务通过明确定义的接口和协议进行交互。例如，在企业级应用中，可将用户管理、订单处理、支付等功能分别设计为独立的服务。这种设计使不同的服务可以在多种应用场景中被重复调用，如一个用户管理服务，既可用于企业的内部管理系统，也可用于面向客户的电商平台等。

SOA 架构的优势主要体现在系统管理和维护的便捷性上。由于服务之间相对独立，允许对单个服务进行编辑和更新，而无须对整个系统进行重构。这极大地降低了系统维护的复杂性和成本，提高了系统的可维护性。例如，当需要对订单处理服务进行功能优化时，开发人员只需对该服务进行修改和测试，无须影响用户管理等其他服务。此外，SOA 架构使用统一的接口来解决大型系统中的集成难题，使不同系统之间的通信更加简单和高效。这就好比给不同的系统搭建了一座标准化的桥梁，让它们能够更加顺畅地进行数据交换和功能协作，促进了企业内部不同业务系统以及与外部合作伙伴系统之间的无缝集成。然而，SOA 架构也存在一些缺点。首先，它投资成本较高，因为在初始阶段需要投入大量的开发和技术资源来设计、开发和部署各个服务以及它们之间的接口和集成框架。其次，由于服务之间的通信和交互，可能会增加响应时间。尤其在需要进行大量数据交换时，服务之间的网络调用和数据传输可能会成为性能瓶颈，导致系统的整体响应速度变慢。例如，在处理高峰时段的大量订单数据时，如果订单服务与库存服务、支付服务等之间需要频繁通信和大量数据交互，可能会导致系统响应延迟，影响用户体验[5]。

微服务架构则强调将应用程序拆分成多个小型、独立的服务单元，从而实现更灵活、可扩展和易于管理的系统。每个微服务都围绕特定的业务功能进行构建，拥有自己的代码库、数据库和技术栈，并且可以在独立的进程中运行。例如，在一个电商平台上，可以将商品展示、购物车、订单处理、用户认证等功能分别设计为不同的微服务。这种架构方式使系统能够更加灵活地应对业务变化和需求扩展。微服务架构的优势之一在于其模块之间的松散耦合性，这使代码更易于维护。开发人员可以更加专注于单个服务的业务逻辑，代码量较少，业务功能更加清晰明确，降低了代码的复杂性，提高了代码的可读性和可维护性。同时，微服务架构允许团队独立开发、部署和扩展其服务，加快了开发周期。不同的团队可以并行地开发和部署不同的微服务，无须相互等待和协调，提高了开发效率。而且，由于每个服务都是独立部署的，具有较低的部署成本，可以根据业务需求灵活地对各个服务进行扩展和升级，而无须对整个系统进行大规模的改动。例如，当购物车服务的访问量大幅增加时，可以单独对购物车服务进行扩展，以满足业务需求，而不会影响其他服务的正常运行。

不过，微服务架构也并非完美无缺。其测试难度较大，不易处理服务之间的通信和集成。由于微服务数量众多，且分布在不同的服务器和进程中，测试时需要模拟多个服务之间的交互和通信，确保它们在各种场景下的正确性和稳定性，这增加了测试的复杂性和工作量。此外，微服务架构的成本较高，因为需要为不同的业务任务维护不同的服务器空间和资源。每个微服务都需要独立的运行环境和基础设施支持，这可能导致硬件资源的浪费和运维成本的增加。例如，对于小型企业或项目来说，维护多个微服务实例可能会带来较高的硬件采购成本和运维管理成本。

一个功能强大的空天大数据共享服务云平台，具备统一存储、管理和服务发布的能力，可为用户提供多源异构空间数据的一站式解决方案，能够将不同来源的各种空间数据［如遥感影像数据、地理信息系统（GIS）数据、气象数据等］进行集中存储和管理，并通过标准化的服务接口将这些数据发布给用户，方便用户在不同的应用场景中调用和使用。同时，提供多元数据服务，满足不同用户在不同领域的多样化需求，如资源调查、环境监测、城市规划、灾害预警等。此外，该平台还拥有标准化的服务接口，方便用户进行二次开发和集成，确保与其他系统和服务的兼容性和互操作性。其稳定的服务支持也为用户提供了可靠的数据保障，确保用户能够在长时间内持续稳定地获取所需的空间数据服务。同时，还应具备快速构建专属服务中心的能力，用户可以根据自身需求快速定制和部署个性化的数据服务，提高工作效率和服务质量。然而，空天大数据共享服务云平台也存在一些劣势。尽管其在数据管理和发布方面具有强大的功能，但在解决一些潜在问题上仍需持续努力。例如，随着数据量的不断增长和用户需求的日益复杂，如何确保数据的安全性和完整性，防止数据泄露和篡改，是该平台面临的重要挑战。同时，在面对突发的高并发访问或大规模数据请求时，如何保证服务的稳定性和可靠性，也是需要进一步优化和改进的方面。

空天大数据可视化平台是专门面向二次开发用户的数字地球客户端开发平台，具备对多类型空间数据的综合可视化能力。它能够将遥感影像、地形数据、GIS 数据、三维模型以及动态数据等多种类型的空间数据进行有效的可视化展示，为用户提供更直观、更丰富的地理信息体验。例如，在城市规划中，通过空天大数据可视化平台可以将城市的地形、建筑物分布、交通网络、土地利用等多种数据进行叠加展示，帮助规划人员更好地进行决策分析。其优势主要体现在其丰富的二次开发接口和范例代码上。这些接口和代码为开发人员提供了极大的便利，大幅降低了开发门槛。开发人员无须从头开始构建复杂的可视化功能，而是可以直接调用平台提供的接口和范例代码，快速实现所需的功能，从而缩短开发周期，节约开发成本。这使用户能够更加高效地构建基于数字地球的各行业应用，如国土测绘、海洋监测、农业资源管理等。但对于一些不熟悉二次开发的用户来说，可能需要一定的学习成本来掌握平台的开发技能和接口规范。由于其主要面向二次开发用户，对于那些没有编程基础或开发经验的用户，可能难以充分利用平台的功能和优势，需要花费一定的时间和精力进行学习和实践。

在线模型平台为用户提供了全面的生态环境类模型库，涵盖多个环境领域的模型，如大气污染模型、水文模型、生态系统模型等。用户在进行相关项目开发时，不必从零开始进行模型的开发和设计，而是可以直接从平台中选择适合项目需求的模型进行使用。例如，在研究河流水质变化的项目中，用户可以从平台中选择水文水质模型，快速开展模拟和分析工作。平台还提供了灵活的接口和工具，使得用户能够轻松地将所选模型与项目现有系统进行无缝集成。通过这些接口和工具，用户可以方便地将模型的输入输出与系统的其他部分进行对接，提高项目的开发效率和准确性，加速项目的推进和实施。不过，在线模型平台也存在一定的劣势。其模型库中的模型种类和覆盖范围可能会受到限制，无法满足所有用户的特定需求。尤其是一些较为特殊或新兴的环境领域问题，可能缺乏相应的模型支持。因此，平台需要不断更新和扩展模型库，以提供更多样化的模型选择。对于一些特定领域或复杂情况，可能还需要定制化的模型开发，以满足用户的个性化需求。

参考文献

[1]　肖建平，李杭，傅东东，等. 数字化规划在新型智慧城市建设中的应用[J]. 智能建筑与智慧城市，2025（3）：47-50.

[2]　郑渊茂，王业宁，周强，等. 基于景感生态学的生态环境物联网框架构建[J]. 生态学报，2020，40（22）：8093-8102.

[3]　石教学，刘时进，殷亚萍. 基于 SOA 架构的应用集成平台研究与开发[J]. 技术与市场，2007（7）：63-65.

[4]　丁志波，杨贵，孙恩尧，等. 基于智能能碳管理系统的电厂精准节能降碳优化研究[J]. 现代工程科技，2025，4（4）：149-152.

[5]　鲁懿德. 基于微服务的 B2C 电商系统的设计与实现[D]. 北京：北京邮电大学，2024.

3 数据采集与治理技术

3.1 数据感知技术

数据感知技术是数字环境体系中的“触角”，它通过各种传感器、监测设备等硬件设施，实时感知环境中的各种参数变化，在构建美丽中国的数字环境架构与技术体系中，数据感知技术的重要性不言而喻。数据感知技术不仅是我们了解和掌握环境状况的基础，更是推动环境保护事业发展的关键[1]。

随着物联网技术的不断发展，数据感知的范围越来越广，精度也越来越高。物联网技术的普及和应用，使数据感知设备可以更加广泛地部署在各个角落，覆盖更广阔的区域。无论是城市的街道、公园，还是乡村的田野、山林，都可以通过数据感知设备实现对环境参数的实时监测和记录。这种广泛的覆盖范围，使得我们可以更加全面地了解环境状况，及时发现和解决环境问题。

同时，随着传感器技术的不断进步，数据感知的精度也得到了显著提高。现代传感器具有更高的灵敏度和分辨率，能够更准确地感知环境中的各种参数变化[2]。无论是温度、湿度、气压等气象参数，还是 $PM_{2.5}$、二氧化硫等污染物浓度，都可以通过高精度的传感器进行实时监测和测量。这种高精度的数据感知，为我们提供了更加准确、可靠的环境数据，为环境决策提供了有力支持。

在生态环境领域，数据感知技术的应用更是广泛而深入。空气质量监测站通过安装各种传感器，可以实时监测 $PM_{2.5}$、二氧化硫等污染物的浓度，并将数据传输到数据中心进行分析和处理。这些数据可以帮助我们了解空气质量状况，及时发现空气污染问题，并采取相应的措施进行治理。同时，通过对比分析历史数据，还可以揭示空气质量的变化趋势，为环境保护政策制定提供科学依据（图 12）。

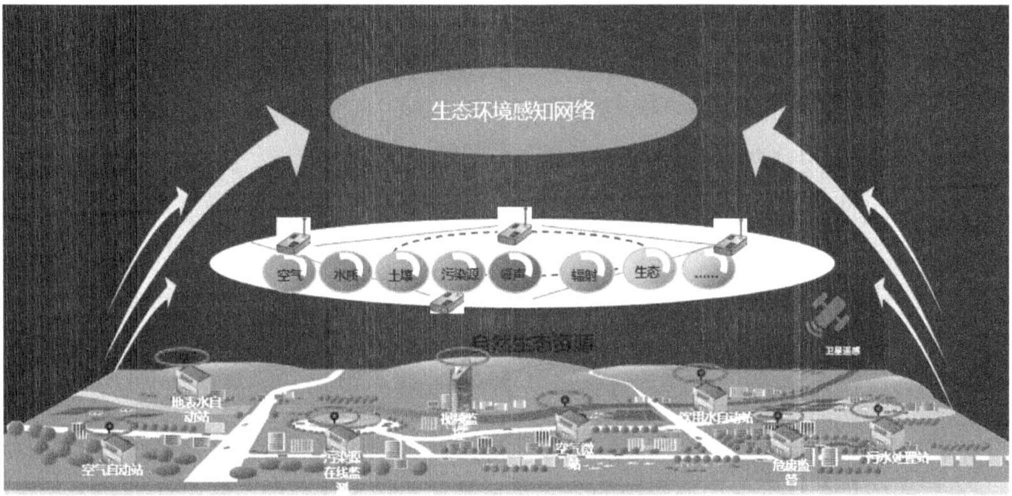

图 12 生态环境感知网络示意图

水质监测站也是数据感知技术的重要应用领域之一。通过在水体中安装传感器，可以实时监测水中的重金属、有机物等污染物的含量。这些数据不仅可以帮助我们评估水中的污染程度，还可以及时发现水源污染问题，保障饮用水安全。此外，通过对水质数据的长期监测和分析，还可以揭示水体污染的原因和来源，为水环境治理提供有力支持。

除了空气和水质监测，数据感知技术还在土壤监测、生物多样性保护等领域发挥着重要作用。土壤监测设备可以分析土壤中的营养成分、重金属含量等信息，为土壤保护和农业可持续发展提供重要依据。通过实时监测土壤参数的变化，我们可以及时发现土壤污染和退化问题，并采取相应的措施进行修复和保护。同时，数据感知技术还可以用于监测生物多样性的变化，通过对生态系统中生物种群数量、分布和生态关系的监测和分析，可以评估生态系统的健康状况，为保护生物多样性和生态平衡提供有力支持。

数据感知技术的应用离不开相关技术的支持和配合。云计算技术为数据感知提供了强大的计算和存储能力，使大量的环境数据可以得到高效处理和分析。大数据技术则可以对这些数据进行挖掘和分析，发现数据中的规律和趋势，为环境决策提供科学依据。同时，人工智能技术的发展也为数据感知技术的智能化提供了可能。通过机器学习和深度学习等技术，数据感知设备可以实现对环境参数的智能识别和预测，提高数据感知的准确性和可靠性。

在数据感知技术的应用过程中，我们还需要关注数据的安全性和隐私保护问题。随着数据感知范围的扩大和精度的提高，大量的环境数据被采集和传输。这些数据可能涉及个人隐私和国家安全等方面的问题。因此，在数据采集、传输和处理过程中，我们需要采取一系列安全措施，确保数据的安全性和隐私保护。这包括使用加密技术保护数据的传输过程，采用匿名化技术处理涉及个人隐私的数据等。

数据感知技术作为数字环境体系中的“触角”，在生态环境领域发挥着至关重要的作用。随着物联网技术的不断发展和传感器技术的不断进步，数据感知的范围将越来越广，精度将越来越高。这将为我们提供更加全面、准确的环境数据，为环境保护和治理提供有力支持。同时，我们也需要关注数据的安全性和隐私保护问题，确保数据的安全性和合法性。

3.2 数据传输技术

数据传输技术是实现数据从感知层到应用层的关键环节，它在生态环境领域扮演着至关重要的角色。在构建美丽中国的数字环境架构与技术体系中，数据传输技术不仅是数据流通的桥梁，更是保障环境数据实时性、准确性和可靠性的关键所在。

目前，常用的数据传输技术包括有线传输和无线传输两种。有线传输技术（如光纤通信等）具有传输速度快、稳定性好的优点，但布线成本较高，适用于固定监测点[3]；无线传输技术（如 5G、NB-IoT 等）具有灵活性高、覆盖范围广的特点，适用于移动监测或偏远地区的监测。

在生态环境领域，监测点的数量众多且分布广泛。无论是城市的空气质量监测站，还是乡村的水质监测点，抑或山区的土壤监测站，都需要实时采集和传输大量环境数据。这些数据对于环境保护和治理至关重要，它们能够反映环境状况的变化，揭示环境问题的根源，为环境决策提供科学依据。

由于监测点分布广泛，数据传输面临着诸多挑战。一方面，不同监测点之间的通信距离可能相差甚远，有的可能近在咫尺，有的则相隔千里。这就要求数据传输技术能够适应不同的通信距离，确保数据的稳定传输。另一方面，监测点所处的环境条件也可能各不相同，有的可能位于城市的高楼大厦之间，有的则可能位于偏远的山区或水域。不同的环境条件对数据传输技术的稳定性和可靠性提出了更高的要求。

为了应对这些挑战，我们需要采用高效、稳定的数据传输技术。首先，我们可以利用有线传输和无线传输相结合的方式，根据监测点的实际情况选择合适的传输方式。对于距离较近、环境条件较好的监测点，可以采用有线传输方式，通过光缆或电缆将数据直接传输至数据中心。这种方式传输速度快、稳定性高，适用于对数据实时性要求较高的场景。对于距离较远或环境条件较差的监测点，我们可以采用无线传输方式，利用卫星通信、无线通信网络等技术实现数据的远程传输。这种方式虽然传输速度可能稍慢一些，但具有灵活性高、适用范围广的优点。

除了选择合适的传输方式外，我们还需要关注数据传输的安全性和隐私保护问题。

环境数据往往涉及个人隐私和国家安全等方面的问题，因此在数据传输过程中需要采取相应的安全措施来保障数据的安全。这些安全措施包括使用加密技术对数据进行加密处理，确保数据在传输过程中不被非法获取或篡改；同时，还需要建立严格的访问控制机制，对数据传输的权限进行管理和控制，防止未经授权的访问和操作。

在数据传输技术的实际应用中，我们还需要考虑数据的实时性和准确性问题。为了保障数据的实时性，我们可以采用实时传输协议和技术，确保数据能够实时地传输到数据中心进行处理和分析。同时，为了保障数据的准确性，我们需要对传输过程中的数据进行校验和纠错处理，确保数据的完整性和准确性。

随着物联网、云计算、大数据等技术的不断发展，数据传输技术也在不断创新和完善。物联网技术的普及使我们可以将更多的设备和传感器接入网络中，实现更加广泛的数据采集和传输。云计算技术为数据传输提供了强大的计算和存储能力，使我们可以更加高效地处理和分析大量的环境数据。大数据技术则可以对这些数据进行挖掘和分析，发现数据中的规律和趋势，为环境决策提供科学依据。

数据传输技术在生态环境领域发挥着至关重要的作用。通过采用高效、稳定的数据传输技术，我们可以实现环境数据的实时采集、传输和处理，为环境保护和治理提供有力支持。同时，我们还需要关注数据传输的安全性和隐私保护问题，确保数据的安全性和合法性。随着技术的不断进步和应用场景的不断拓展，数据传输技术将不断迎来新的挑战和机遇。我们要持续关注技术的发展动态，不断创新和完善数据传输技术，为构建美丽中国贡献更多力量。

在未来的技术演进中，数据传输技术与人工智能、机器学习的深度融合将构建更具智慧的生态环境监测与治理体系。这种融合不仅体现在技术层面的协同创新，更将催生全新的环境管理范式：通过人工智能算法对多源异构环境数据（如卫星遥感影像、物联网传感器阵列、无人机巡检数据等）进行智能化清洗、特征提取与关联分析，可构建动态环境数字孪生模型。例如，基于深度学习的卷积神经网络（CNN）可对海量卫星图像进行语义分割，精准识别森林覆盖变化、湿地退化或海岸带侵蚀等细微生态变化；长短期记忆网络（LSTM）则能通过时序数据建模，预测空气质量指数（AQI）、水质指标（如 COD、氨氮浓度）的演变趋势，提前 72 h 发出污染预警，为应急响应争取宝贵时间窗口。

在数据传输环节，机器学习算法将深度介入传输协议优化，针对生态环境监测场景的特殊需求实现“动态自适应传输”。例如，在野外观测站密集分布的自然保护区，基于强化学习的路由算法可根据实时网络负载、信号强度和数据优先级（如濒危物种活动监测数据优先传输），自动选择最优传输路径，使关键数据的传输时延降低 40%以上；对于深海、极地等极端环境下的监测节点，通过生成对抗网络（GAN）压缩冗余数据，可在有限带宽条件下提升有效数据传输效率达 65%，同时借助边缘计算技术在终端侧完成数据预处理，减少核心网络传输压力。此外，结合 5G RedCap（缩减能力物联网）等轻量化通信技术，可低成本部署海量微型环境传感器，构建全域覆盖的“空天地海”一体化监测网络，实现对 $PM_{2.5}$ 扩散路径、河流水文参数、森林火险等级等指标的毫秒级实时追踪。

这些技术创新将彻底突破传统环境监测的时空局限：在灾害预警领域，融合 AI 的实时数据传输系统可提前探测地震前的地磁异常、台风眼墙的温压突变等前兆信息，将地质灾害预警时间从分钟级提升至小时级；在生态保护领域，通过分析候鸟迁徙路径数据与栖息地环境参数的关联关系，可动态调整自然保护区的管控策略，例如，在丹顶鹤迁徙季前预测其觅食地的水位变化，提前启动生态补水工程；在污染溯源领域，基于区块链的数据可信传输技术与机器学习的反演算法结合，可快速定位工业废水偷排源头，将污染事件的调查周期从数周缩短至小时级。

未来，随着 6G 通信、量子通信等新一代传输技术的成熟，以及联邦学习、自监督学习等 AI 范式的突破，数据传输技术在生态环境领域的应用将呈现三大趋势：一是从单一要素监测向全要素耦合模拟演进，构建包含大气圈、水圈、岩石圈、生物圈在内的超复杂环境系统模型；二是从被动响应向主动治理跃迁，通过实时数据闭环驱动智能执行设备（如智能灌溉系统、无人机喷洒装置），实现污染排放的动态调控；三是从区域化应用向全球化协同拓展，依托跨国家、跨组织的数据共享机制与统一传输标准，共同应对气候变化、生物多样性丧失等全球性环境挑战。这种技术融合不仅会重塑人与自然的交互方式，更将为实现“双碳”目标、构建人与自然生命共同体提供不可或缺的科技支撑。

数据传输技术是实现数据从感知层到应用层的关键环节，它在生态环境领域的应用具有重要的意义和价值。我们需要不断探索和创新，完善数据传输技术体系，为美丽中国的数字环境架构与技术体系提供坚实的技术支撑。

3.3 检测仪器设备

3.3.1 常规大气因子监测仪器

监测包括 SO_2、氮氧化物、CO、O_3、PM_{10}、$PM_{2.5}$ 在内的空气质量常规污染物。SO_2 监测采用紫外荧光法，氮氧化物监测采用化学发光法，CO 监测采用非色散红外气体相关滤波法，O_3 监测采用紫外光度计法，颗粒物监测采用 β 射线法。

以上监测方法均依照《环境空气质量标准》（GB 3095）执行：《环境空气颗粒物（PM_{10} 和 $PM_{2.5}$）连续自动监测系统技术要求及检测方法》（HJ 653）和《环境空气气态污染物（SO_2、NO_2、O_3、CO）连续自动监测系统技术要求及检测方法》（HJ 654）。

图 13 常规大气因子监测仪

3.3.2 颗粒物监测设备

3.3.2.1 在线水溶性离子分析仪

在线水溶性离子分析仪（图 14），可 24 h 全天候全自动在线监测大气中的各种污染气体，如 HF、HCl、HNO_2、HNO_3、SO_2、氨气、乙酸等有机酸（气态前体物），以及气溶胶中的各种离子（如 F^-、NO_2^-、NO_3^-、SO_4^-、NH_4^+等）。

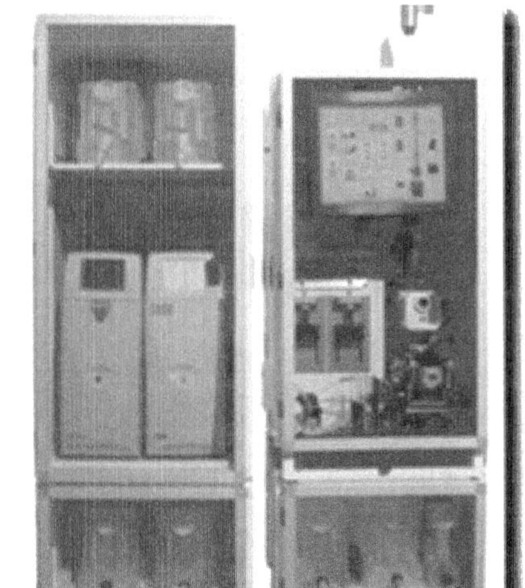

图 14 在线水溶性离子分析仪

3.3.2.2 有机碳/元素碳监测仪

有机碳/元素碳监测仪（图 15）用热学/光学方法测定分析收集在石英滤膜上的有机碳（OC）和元素碳（EC），可以实现大气颗粒物中 OC 和 EC 的准确分割和定量。

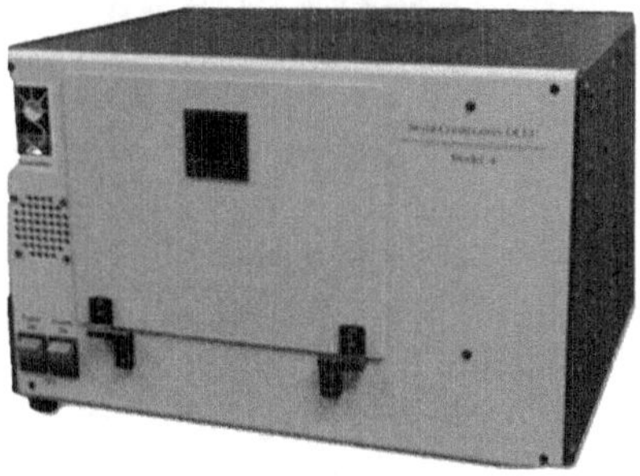

图 15 有机碳/元素碳监测仪

3.3.2.3 重金属在线分析仪

重金属在线分析仪（图 16）可对环境气体中 23 种以上的金属元素进行实时在线监测。环境空气通过颗粒物粒径切割器进行采样并抽取到滤纸带上，通过卷轮式滤纸带采集样品，并通过 X 射线荧光光谱技术对沉积在滤纸带上的颗粒物中的重金属进行无损分析。

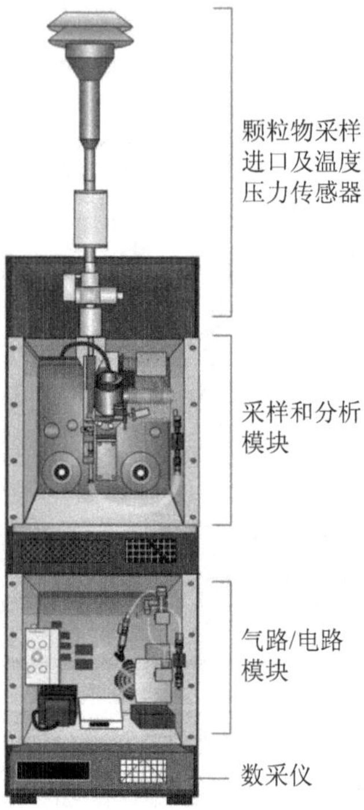

图 16 重金属在线分析仪

3.3.2.4 黑碳仪

黑碳仪（图 17）通过连续采集滤膜上的颗粒物来测定光的衰减，根据黑碳气溶胶在 370 nm、470 nm、520 nm、590 nm、660 nm、880 nm 和 950 nm 波段对光的吸收特性和透射光的衰减程度，获得黑碳气溶胶的浓度。

图 17 黑碳仪

3.3.2.5 粒径谱仪

粒径谱仪（图 18）能够精确测量环境空气中不同空气动力学粒径的颗粒物的浓度和粒径分布，为生态环境部门监测空气质量提供数据支持。

抽气泵以恒定流量将环境空气吸入样气室。激光源产生绿色激光以高频率照射样气室，其频率足够高，保证在样气中的颗粒物浓度在一定范围内，不会错过穿过气室的任何颗粒物。如有颗粒物存在，激光照在上面会发生散射，在同一平面上与激光照射方向成 90°的检测器会收到被对面的反射镜聚焦的散射光，其强弱与颗粒物的直径大小有关，与颗粒物颜色无关。检测器收到的脉冲信号与产生散射的颗粒物直径有相关性。

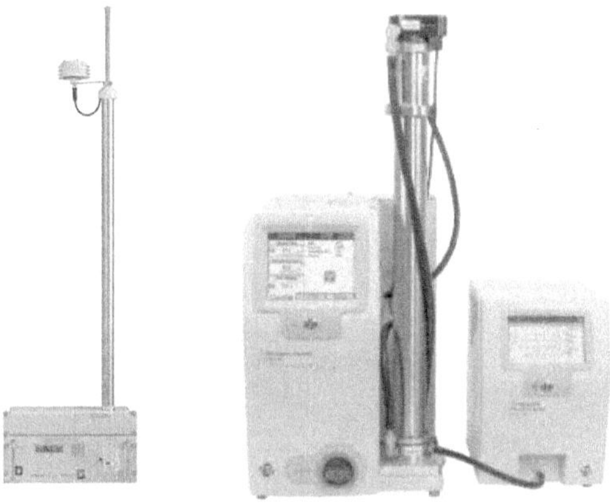

图 18 粒径谱仪

3.3.2.6 颗粒物吸湿性测量仪

颗粒物吸湿性测量仪（图 19）通过测量气溶胶吸湿增长前后的光散射比值 f（RH），定量给出吸湿增长对颗粒物消光及大气能见度的影响，并同时得到颗粒物的吸湿性参数（κ）和气溶胶液态水含量（ALWC），为分析污染成因、预测二次污染物浓度，以及提出复合污染防治对策提供更加全面的数据支撑。

气溶胶吸湿增长是指气溶胶粒径随着环境相对湿度的增加而增大的过程，它反映了气溶胶的吸水能力，是气溶胶重要的物理化学参数之一，对于气溶胶辐射光学、气溶胶化学和气溶胶云相互作用等有着重要的影响。气溶胶吸湿特性是气候变化研究、大气遥感、云降水物理学和大气化学的重要研究内容之一。

图 19 颗粒物吸湿性测量仪

3.3.2.7 单颗粒气溶胶质谱仪

单颗粒气溶胶质谱仪（图 20）通过高灵敏、高速度、高分辨率的飞行时间质谱测量技术，可实时在线进行单颗粒气溶胶化学成分和粒径大小的同步测量，获得单颗粒混合态数据，快速实现颗粒态 $PM_{2.5}$ 的来源分类。

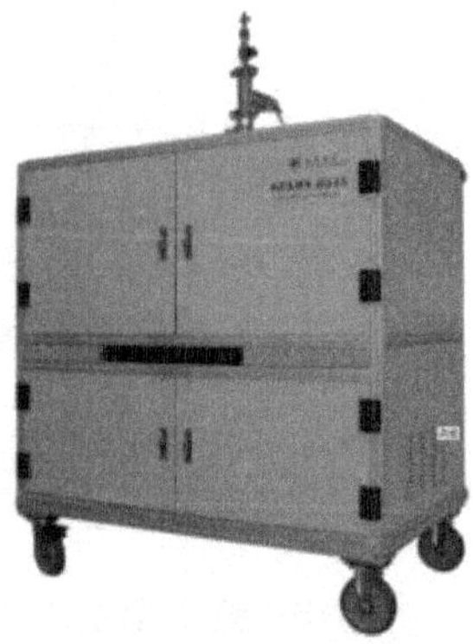

图 20 单颗粒气溶胶质谱仪

3.3.2.8 NH_3 分析仪

氨气（NH_3）作为大气中唯一的碱性气体，极易和大气中的 SO_2 和 NO_x 反应形成二次无机气溶胶，是很多城市大气颗粒物的主要元凶之一。NH_3 分析仪（图 21）利用了一氧化氮（NO）与臭氧（O_3）反应产生荧光的基本原理。软件计算 NO_x 减去 NO 和 Nt（总氮浓度）减去 NO_x，分别输出 NO_2 与 NH_3 的浓度值。仪器可显示 NH_3 与 NO、NO_2、NO_x 和 Nt 的测试数值，也可输出电信号。

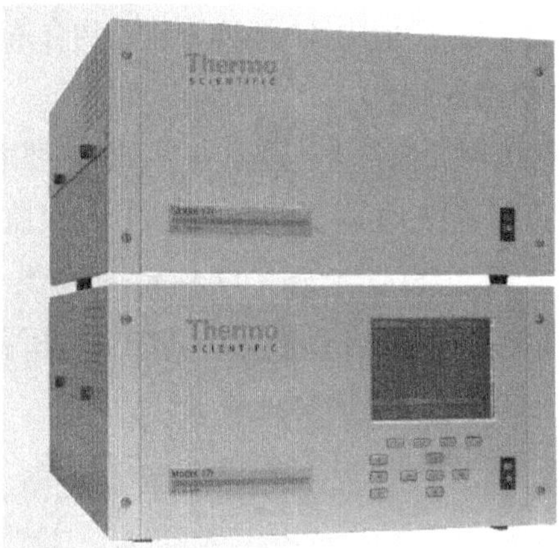

图 21　NH_3 分析仪

3.3.2.9 颗粒物激光雷达

颗粒物激光雷达（图 22）以激光为发射光源，通过向大气中发射连续的脉冲激光，获取大气的后向散射信号，连续监测大气颗粒物的分布与状态，分析颗粒物的时空演变特征，同时以彩图的方式将激光雷达的监测结果显示出来，结合相关地图信息对污染源进行精准溯源。

图 22　颗粒物激光雷达

3.3.3 光化学监测设备

3.3.3.1 VOCs 组分在线分析仪（PAMs57）

基于《环境空气挥发性有机物气相色谱连续监测系统技术要求及检测方法》（HJ 1010—2018），VOCs 组分在线分析仪（PAMs57）（图 23）采用仪器内抽样泵负压采样，环境样品经过大气采样总管和预处理单元，进入 C_2～C_6 气相色谱仪和 C_6～C_{12} 气相色谱仪中，通过气相色谱（FID 法）技术，对环境中 57 种臭氧前体物含量分别进行在线监测。

3.3.3.2 VOCs 组分在线分析仪（116）

基于《环境空气挥发性有机物气相色谱连续监测系统技术要求及检测方法》（HJ 1010—2018），VOCs 组分在线分析仪（116）（图 24）连续 24 h 在线监测环境空气中 116 种挥发性有机物，包括 PAMS（57 种）、TO15 组分（47 种）、醛酮类（12 种）等有机物（甲醛不开展检测）；能够满足《2019 年地级及以上城市环境空气挥发性有机物监测方案》（环办监测函〔2019〕11 号）规定的在线监测物种要求。

图 23 VOCs 组分在线分析仪（PAMs57）

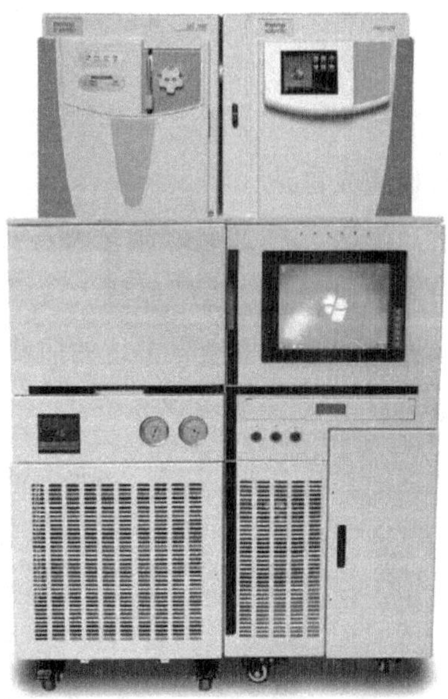

图 24 VOCs 组分在线分析仪（116）

3.3.3.3 甲醛分析仪

甲醛是对流层大气中 OH 自由基的重要来源，甲醛分析仪（图 25）基于长光程流通池吸收光谱技术的大气 HCHO 在线测量系统，是一款集采样、标定、清洗、反应、分析于一体的高精度甲醛监测仪器。

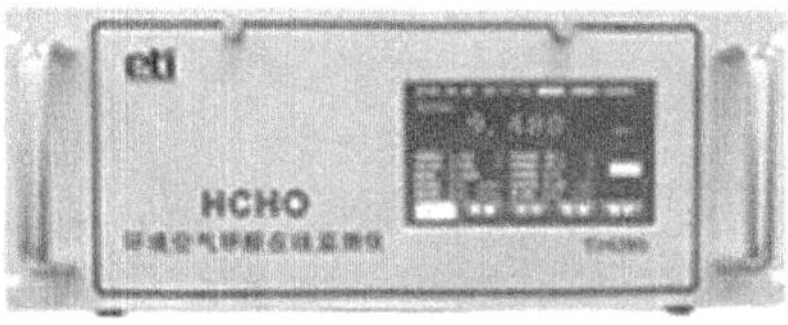

图 25 甲醛分析仪

3.3.3.4 非甲烷总烃监测仪

基于《环境空气非甲烷总烃连续自动监测系统技术规定（试行）》《环境空气苯系物的测定 固体吸附/热脱附-气相色谱法》（HJ 583—2010），在线非甲烷总烃分析仪采用抽样泵负压采样，环境样品经过大气采样总管，然后进入 NMHC 气相色谱仪中，采用专用色谱柱组合、反吹技术和氢火焰离子化检测器（FID）技术进行总烃和甲烷的检测，然后通过软件，自动计算出非甲烷总烃的值。

3.3.3.5 NO_y 分析仪

NO_y 为含有活性氮的化合物的统称，包括一氧化氮（NO）、二氧化氮（NO_2）、三氧化二氮（N_2O_3）、五氧化二氮（N_2O_5）、亚硝酸（HONO）、硝酸（HNO_3）、过乙酰硝酸酯（PAN）、气溶胶硝酸盐等，其中 NO 和 NO_2 是最主要的氮氧化物，统称为 NO_x，而 NO_z 则定义为 NO_y 与 NO_x 之差。NO_y 分析仪（图 26）采用化学发光法，可测量空气中的 NO_y，即除 NH_3 和 N_2O 以外的大部分氮的氧化物。

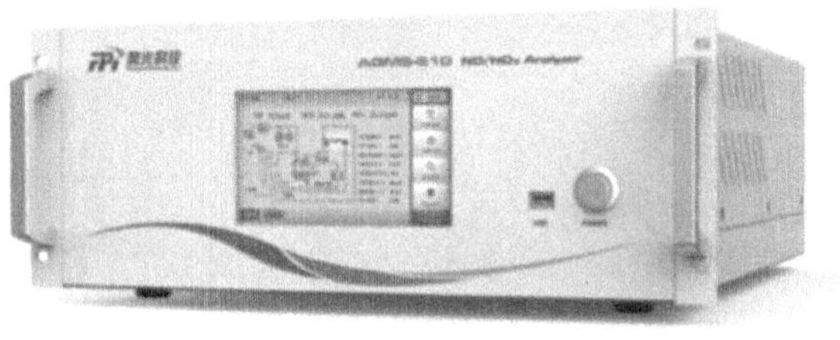

图 26 NO_y 分析仪

3.3.3.6 HONO 分析仪

亚硝酸（HONO）光解产物是环境大气中 OH 自由基的来源之一，也在极地氮循环中占据重要地位；此外，亚硝酸是一种致癌物质。亚硝酸分析仪（图 27）应用湿化学取样和光学检测方法原位在线测量气体中的亚硝酸含量，通过化学方法将被测亚硝酸转化为叠氮化物，通过测量长路径下的光吸收确定亚硝酸浓度。

3.3.3.7 PAN 分析仪

PAN（过氧酰基硝酸酯类化合物）是指分子中含有过氧酰基基团和硝酸根的一类化合物。PAN 是光化学反应生成的二次污染物，是由 VOCs（主要是乙醛、丙烯、丙烯醛等）和 NO_x 光化学反应生成的。

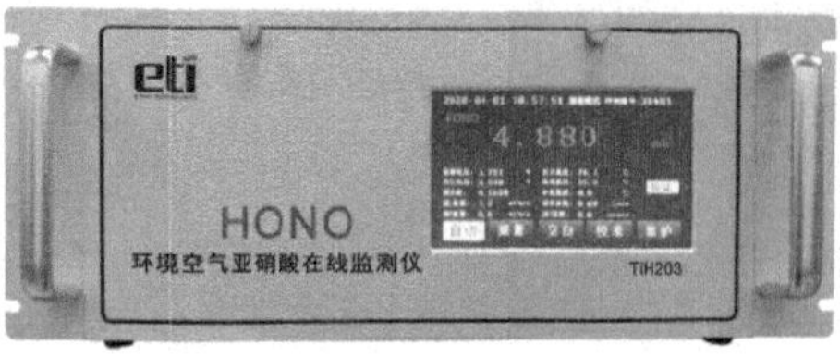

图 27　HONO 分析仪

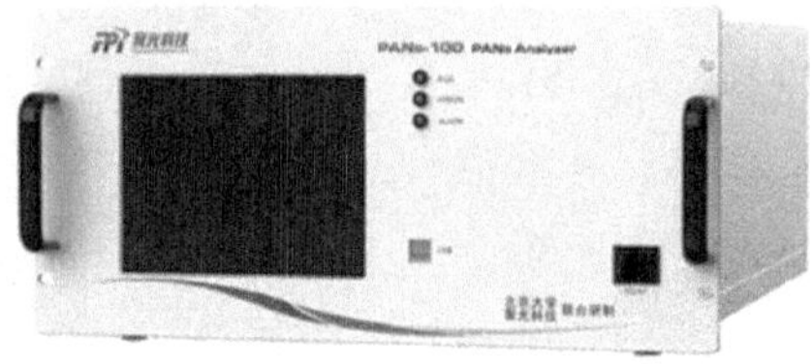

图 28　PAN 分析仪

PAN 和 O_3 均是 VOCs 和 NO_x 光化学反应生成的，但 PAN 其实是比 O_3 更好的光化学反应指示剂，主要是由于大气环境中 PAN 的唯一来源就是光化学反应，而 O_3 还有一部分来源于平流层传输。PAN 分析仪（图 28）利用气相色谱对环境空气中的样品进行分离，分离后由电子捕获检测器（ECD）检测获得色谱信号。

3.3.3.8　臭氧激光雷达

臭氧激光雷达（图 29）基于差分吸收原理，利用臭氧的吸收特性测量气体的浓度分布，能连续监测对流层臭氧的时空分布变化，以此了解大气灰霾及其前体物排放与复合污染特征，研究大气光化学过程引起的颗粒物的形态和光学性质的变化。同时，臭氧雷达走航功能可实现边走边测，绘制区域/局地尺度大气垂直高度上的臭氧空间分布，为国控站及周边提供精准的臭氧浓度高值分布地图。

图 29　臭氧激光雷达

3.3.4　常规水质监测仪

根据地表水及污水的监测规范要求，在指定的断面及排口部署监测仪器设备用于监测各项基本水质指标，包括水质五参数（pH、溶解氧、电导率、浊度、温度）、COD_{Mn}（地表水适用）、COD_{Cr}（污水适用）、总磷、总氮、氨氮等。

常规水质监测仪（图 30）符合户外小型水质自动监测系统技术要求、适用性检测作业指导书（HJC-ZY73—2019）自带动态质控测试要求，超标留样装置兼容 212 国标协议标准，具有远程数据传输功能。

图 30 常规水质监测仪

3.3.5 生物毒性监测设备

生物毒性监测设备（图 31）作为针对环境污染、紧急事故、安检及常规检测等目的而设计的便携式水质生物毒性检测仪，既支持世界上流行的发光细菌法生物毒性分析，也支持适用于恶劣环境的化学发光法毒性分析，用于现场水中重金属、毒剂、神经毒剂、农药制剂等物质总体毒性检测。便携式水质生物毒性检测仪集成的 ATP（三磷酸腺苷）微生物活性快速检测技术，几分钟就可以获得水体中或物体表面的微生物浓度的关键数据，成为微生物检测技术的新突破。

图 31 生物毒性监测设备

3.3.6 重金属检测设备

在线比色法重金属分析仪可灵活进行配置，是可监测多种金属元素的水质重金属检测仪（图 32）。对于高有机物含量、悬浮颗粒物或成分易发生变化的水样来说，该系列重金属检测仪内置的样品消解装置能促进对一些参数（如铜、铁、镍、锰、铬、锌和氰化物）的分析。

图 32 重金属检测仪

3.3.7 气象监测设备

3.3.7.1 气象五参数仪器

气象五参数仪器（图 33）可在一个仪器中同时实现站点风速、风向、降水、气压、温度、相对湿度等参数的监测，实现精确稳定的气象参数监测。

图 33 气象五参数仪器

3.3.7.2 温湿廓线雷达

温湿廓线雷达（图 34）根据水汽分子对激光产生的 Raman 散射原理实现探测大气中水汽含量，从接收不同高度上水汽分子和氮气分子 Raman 后向散射光的回波信号中可以获取水汽混合比的垂直廓线；根据 N_2 或 O_2 分子的转动 Raman 散射谱线强度与大气温度的依赖关系反演大气温度廓线信息。

3.3.7.3 微波辐射仪

微波辐射仪（图 35）是基于大气微波遥感技术的气象观测设备，通过对大气微波辐射的遥感测量，反演获得对流层大气温度、湿度廓线，大气积分水汽量及积分云含水量等信息，可实现对中尺度强天气系统大气层结的监测和预警、解析逆温层结构，评估大气稳定度，判识雾霾等级，说清灰霾污染的扩散趋势，是常规高空观测的有益补充。

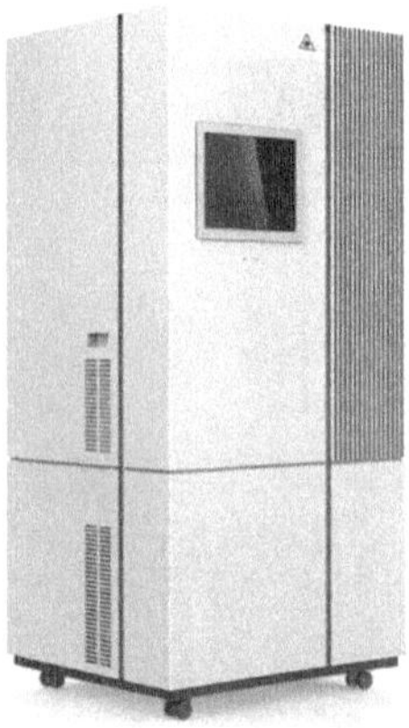

图 34 温湿廓线雷达

图 35 微波辐射仪

3.3.7.4 云量仪

云量自动观测仪（图 36）是用于地面云观测的仪器，用于测量全天空的云量。通过设备自带的 RS232 或 RJ-45 接口，可将数据实时上传到数据中心的上位机，实现云量的自动化观测，适用于自动气象站的云量观测。

图 36 云量仪

3.3.7.5 云高仪

云高仪（图 37）利用激光器向云体发射一束激光，当激光束到达云底部时会产生很强的后向散射，通过分析激光回波的变化，测量激光从发射到云底反射回来的时间，可以判别云底位置并计算云底高度，可昼夜连续工作。

3.3.7.6 大气稳定度仪

大气稳定度是影响污染物在大气中扩散的极重要因素，也是灰霾天气形成的气象条件。大气稳定度高时，扩散条件不好，聚集在地表空气中的污染物在太阳辐射的光化学作用下生成复杂的二次污染物，这也是灰霾天气和 $PM_{2.5}$ 形成的主要气象条件。

大气稳定度仪（图 38）可提供连续的大气稳定度测量数据，这些数据为分析大气中污染物、灰霾、PM_{10}、$PM_{2.5}$ 以及复合型大气污染的形成和发展提供了有效辅助手段。

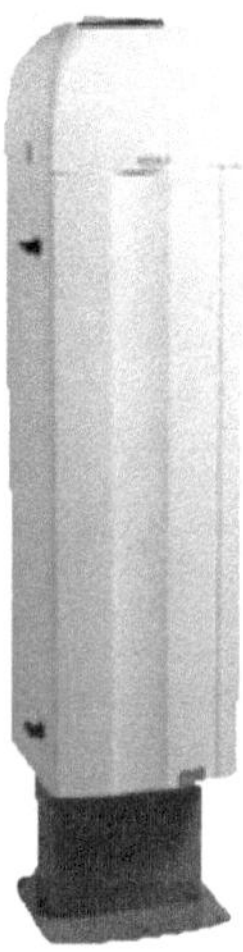

图 37 云高仪

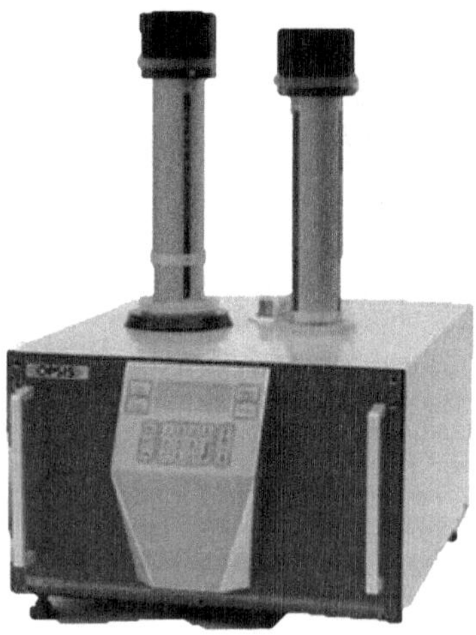

图 38 大气稳定度仪

3.3.7.7 紫外辐射仪

紫外辐射是一种非照明用的辐射源。紫外辐射的波长为 10～400 nm。由于只有波长大于 100 nm 的紫外辐射才能在空气中传播，所以人们通常讨论的紫外辐射效应及其应用，只涉及 100～400 nm 范围内的紫外辐射。紫外辐射仪如图 39 所示。

3.3.7.8 太阳总辐射计

太阳发出波长范围在 0.15～4.0 μm 的光线，称为太阳光谱。太阳辐射到达地球大气层的部分被称为总辐射，也叫短波辐射。总辐射包括太阳的直接辐射和太阳散射辐射，用水平安装的总辐射表测量。太阳总辐射计如图 40 所示。

图 39 紫外辐射仪

图 40 太阳总辐射计

3.3.7.9 边界层风廓线雷达

边界层风廓线雷达（图 41）是一种高性能的晴空大气探测遥感设备，采用固态有源相控阵技术，能够不间断实时提供地面至高空大气水平风场、垂直气流、大气虚温及大气折射率结构常数（Cn2）等气象要素随高度的分布。仪器主要应用于低对流层大气风场观测、沙尘暴等局地环境气体污染扩散过程监测和中小尺度灾害性天气监测预报；作为机场空域气流监测的有效工具，可为机场飞行气象保障提供高时空密度的探测数据，是各类科学试验、试验场地和大型活动的重要气象保障服务工具。

图 41 边界层风廓线雷达

3.4 卫星遥感技术

3.4.1 基本功能

基于多源卫星遥感数据结合气象、环境的观测数据以及基础地理信息等辅助数据实现对环境的遥感监测，提供包括卫星云图、沙尘、气溶胶光学厚度、颗粒物（$PM_{2.5}$/PM_{10}）、痕量气体（NO_2/SO_2/O_3/HCHO/CH_4/CO）、VOCs 高值区识别、臭氧敏感性识别、灰霾、黑臭水体、异常热点、工业热源以及 CO_2 等在内的大气环境遥感监测产品。

3.4.2 应用场景

3.4.2.1 沙尘监测

沙尘判识：基于卫星遥感数据，利用沙尘在可见光、中红外、远红外波段的光谱特性与下垫面背景和云的差异性，引入更多红外通道进行云检测和沙尘判识。针对沙尘和云对红外通道接收的亮温数据不同，采用多个通道间的运算，确定沙尘判识的阈值，并对白天和夜间设置两套不同的阈值，实现沙尘全天候连续监测。

沙尘合成：基于卫星遥感数据，对沙尘通道敏感的多个红外通道进行相关运算，得到 RGB 颜色通道的值，最终合成沙尘彩色合成图。

3.4.2.2 气溶胶监测

利用暗像元算法和深蓝算法实现气溶胶光学厚度的反演，暗像元法反演气溶胶光学厚度首先要确定地表的反射率，地表反射率确定以后，就可以根据辐射传输方程计算出气溶胶的光学厚度。深蓝算法则是利用蓝波段大气反射较强，地表反射较弱的特征去除地表贡献，反演气溶胶。

3.4.2.3 灰霾监测

基于卫星遥感数据通过构建归一化灰霾指数（NDHI）模型实现灰霾遥感监测。通过分析灰霾、非灰霾区域的光谱特征差异寻找特征光谱波段。利用影像光谱波段构建归一化差值灰霾指数，从图像中提取灰霾区。

3.4.2.4 颗粒物监测

颗粒物浓度反演主要包括 $PM_{2.5}$ 和 PM_{10} 的近地面浓度反演，选取 AOD、相对湿度、能见度、风速和风向为颗粒物浓度反演的自变量。剔除数据集中缺失值及异常值，将数据集按照 7∶3 的比例随机划分为训练集和测试集，训练集用于建立模型，测试集用于精度评价。基于相同的训练集和测试集，利用随机森林方法对颗粒物浓度进行建模反演。

3.4.2.5 痕量气体监测

利用卫星接收到的经地球大气传输和地表反射的太阳辐射光谱，基于痕量气体（NO_2/SO_2/O_3/HCHO/CH_4/CO）的光谱吸收特征，采用差分吸收光谱算法建立痕量气体柱浓度反演模型反演痕量气体的垂直柱浓度并通过平流层浓度去除处理，最终获得痕量气体的对流层柱浓度；对于近地面臭氧浓度，基于对流层臭氧垂直柱浓度结合地面臭氧监测数据实现近地面臭氧浓度反演。

3.4.2.6 VOCs 高值监测

甲醛（HCHO）是 VOCs 氧化中最主要的中间产物，可以指示 VOCs 的总量。用卫星观测的 HCHO 值间接地作为卫星观测的 VOCs 值。

以 HCHO 柱浓度遥感监测结果为主要指标筛选出甲醛浓度较高且臭氧生成受 VOCs 控制或 VOCs-NO_2 共同控制区作为 VOCs 排放的重点关注区域，并以当地高分辨率卫星影像为底图同时叠加当地企业清单从而高效识别重点企业集群、化工企业等。

3.4.2.7 臭氧前体物监测

基于卫星遥感数据，通过反演对流层 NO_2、HCHO 的垂直柱浓度，并利用 HCHO/NO_2 比值（CMAQ 模拟）判定臭氧生成控制类型，判断目标地区为 NO_x 控制区、VOCs 控制区或过渡区，分析 NO_x 和 VOCs 两个臭氧重要前体物变化趋势，获取臭氧浓度的主控因子，实现对臭氧前体物遥感识别监测。

3.4.2.8 黑臭水体监测

影响黑臭河道的污染物参数有水中悬浮物、藻类、化学物质、溶解性有机物、热释放物、病原体和油类物质等，利用遥感技术进行水环境质量监测的主要机理是，被污染水体具有独特的有别于清洁水体的光谱特征，这些光谱特征体现在其对特定波长的光的吸收或反射，而且这些光谱的动态特征能在遥感图像中体现出来：对于清洁水而言，它的反射率较低，反映在光谱上则表现出较短的频段，这种频段在遥感影像上的表达就趋于冷色调；相反，污染水的反射率较高，在遥感影像上的表达就趋于暖色调。

应用卫星遥感手段，可以快速监测出黑臭河道污染源的类型、位置分布以及污染的分布范围等。

3.4.2.9 异常热点监测

基于卫星遥感数据的中红外通道和远红外通道对于高温目标的灵敏反应进行热异常点判识。去除水体、云雾等的影响，根据每地每日不同时间段选择不同的阈值进行精细化识别，实现对区域热异常点的监测。

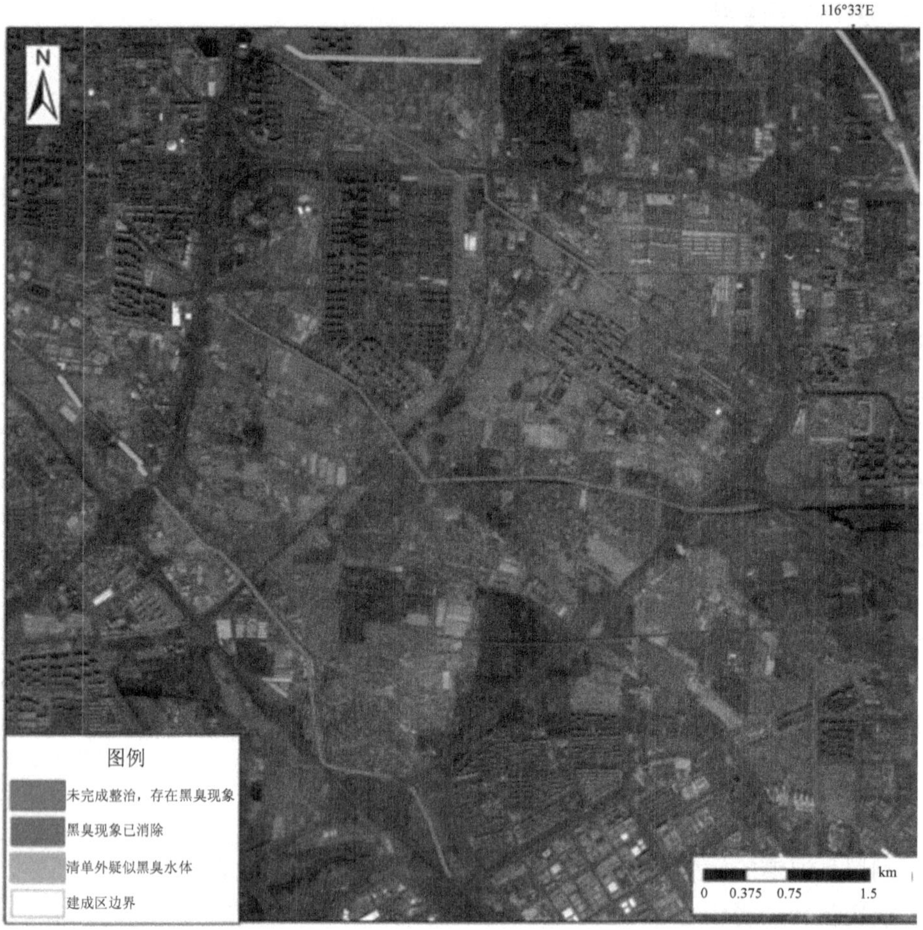

数据源：GF2
成像时间：2018 年 9 月

中国科学院空气信息创新研究院

图 42 黑臭水体遥感监测图

3.4.2.10 工业热源

基于卫星遥感数据，采用基于密度的聚类算法 DBSCAN，对 VNP14IMG 数据进行逐年聚类处理，从空间－时间的角度逐步识别出重工业热源对象。首先对长时间序列的火点数据进行聚类处理，然后基于多种特性因子通过逻辑回归模型，识别出聚类后的热源对象是否为重工业热源。同时，计算热异常点的辐射功率（FRP），通过统计热异常数据的数量和 FRP 可以反映区域工业规模和生产排放强度。

3.4.2.11 碳排放监测

利用卫星接收到的经地球大气传输和地表反射的太阳辐射光谱，基于 CH_4 的光谱吸收特征，采用差分吸收光谱算法建立痕量气体柱浓度反演模型，反演痕量气体的垂直柱浓度；利用正演模型产生的光谱或者图像与仪器实际观测的光谱或者图像进行对比，不断调整正演模型的输入参数，使模拟预测的结果和仪器实际观测的结果尽量一致。采用高光谱卫星，基于 SCIATRAN 辐射传输模式，利用最优化估计算法和比值反演方法反演 CO_2 柱浓度。

3.4.2.12 近海生态灾害监测

根据赤潮、绿潮、浒苔、马尾藻等海洋灾害发生时水体光谱特性上的差异，利用 NDVI 法、叶绿素 a 法、波段插值比值法，提取赤潮、绿潮、浒苔、马尾藻的分布信息，实现近海生态灾害监测。

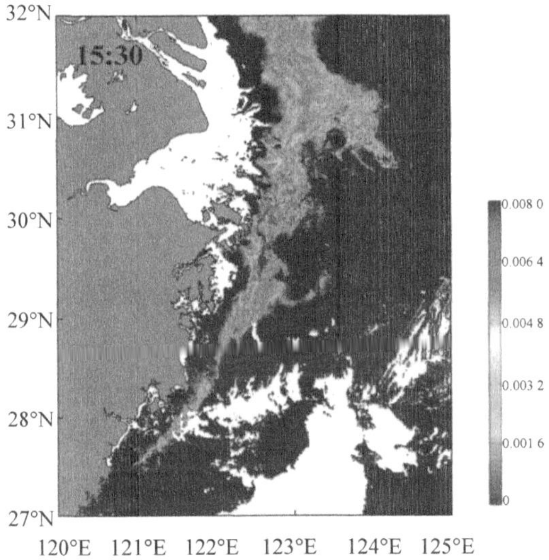

图 43 基于 RrcH 指数的赤潮遥感监测图

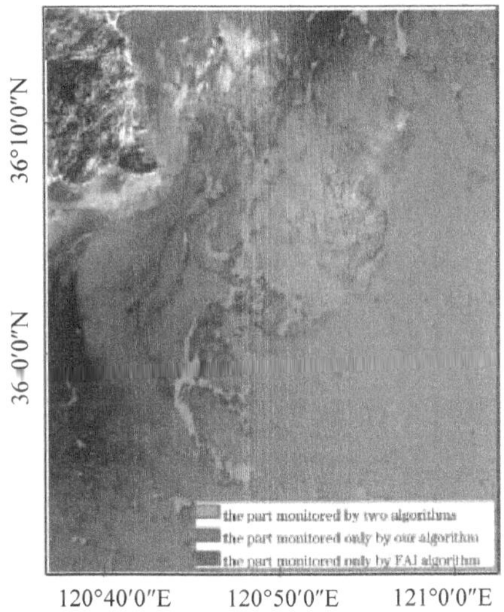

图 44 绿潮卫星遥感监测图

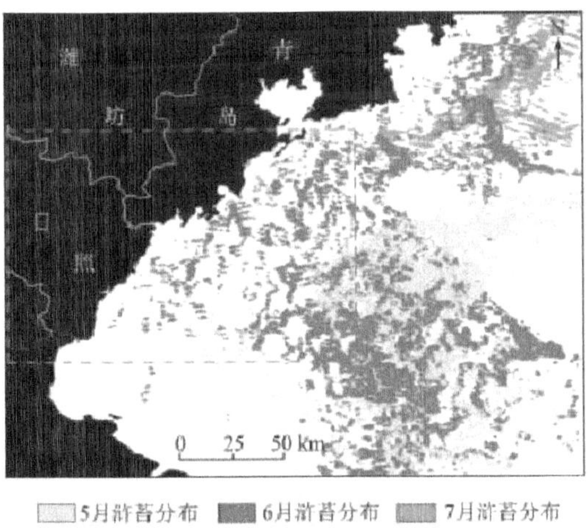

图 45 浒苔卫星遥感监测图

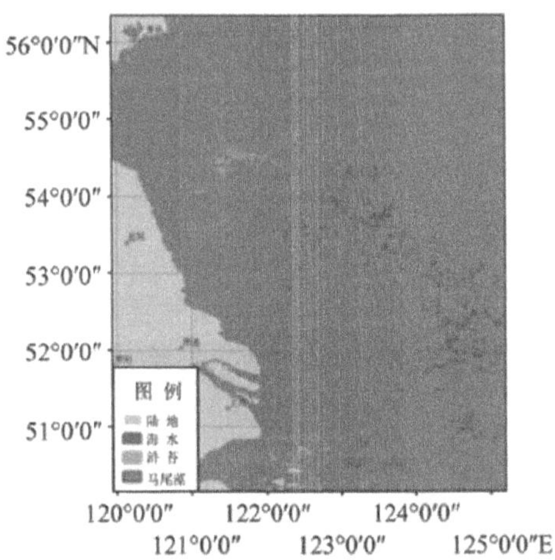

图 46 马尾藻卫星遥感监测图

3.4.2.13 土壤环境监测

依据国家土壤侵蚀分类分级标准规范，以植被覆盖度、坡度、土地利用作为土壤侵蚀的主要因子，基于遥感影像、土地利用分类数据和 DEM 数据，建立本地区土壤侵蚀遥感监测的评价模型，将土壤侵蚀强度分为微度侵蚀、轻度侵蚀、中度侵蚀、强度侵蚀和极强度侵蚀 5 个等级。在土壤侵蚀强度的基础上，建立强度等级与敏感性等级之间的逻辑对应关系，通过共享的因子体系和分级对应关系紧密衔接，进而划分出轻度敏感、一般敏感、中度敏感、高度敏感和极度敏感区，共同服务于从重点治理到提前保护的全链条水土保持决策。

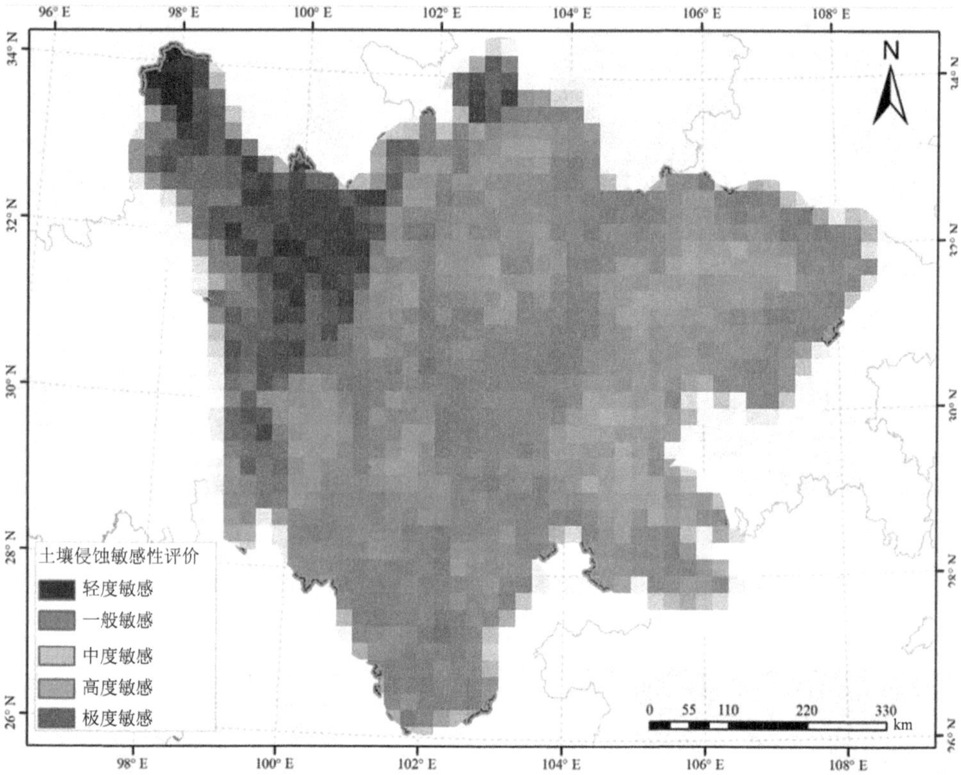

图 47 土壤侵蚀敏感性评价

3.5 多源、多结构数据存储技术

随着生态环境监测工作的不断深入和扩展，监测数据的数量和种类都在不断增加和多样化。这些数据不仅包括传统的空气质量、水质、土壤质量等监测数据，还涵盖了生物多样性、生态系统功能等更为复杂和细致的数据。这些数据的增加和多样化对于环境保护和治理工作具有极高的价值，但同时也给数据存储和管理带来了挑战。如何有效地存储和管理这些庞大的、多样化的数据，确保数据的安全性和可用性，成为当前生态环境领域亟待解决的重要问题。

多源、多结构数据存储技术为此提供了有效的解决方案。这种技术能够应对不同来源、不同结构的数据存储需求，确保数据的完整性、准确性和高效性。

多源数据存储技术能够应对生态环境监测数据的多源性特点。生态环境监测数据来自不同的监测站点、监测设备和监测方法，这些数据具有不同的格式、精度和更新频率。传统的数据存储方式往往难以适应这种多源性的特点，容易造成数据的混乱和丢失。而多源数据存储技术通过采用统一的数据存储格式和标准，以及灵活的数据接入方式，能够实现对不同来源的数据进行有效的整合和存储。这样不仅可以保证数据的完整性和一致性，还可以提高数据的可用性和可管理性[4]。

多结构数据存储技术能够应对生态环境监测数据的多样化特点。生态环境监测数据不仅包括结构化数据（如温度、湿度、$PM_{2.5}$ 浓度等数值型数据），还包括非结构化数据（如图像、视频、音频等多媒体数据）。这些数据在格式、大小和处理方式上都有着很大的差异。传统的数据存储方式往往只能处理某一种或几种类型的数据，对多样化的数据支持不够。而多结构数据存储技术通过采用分布式存储、列式存储、图存储等多种存储方式，能够实现对不同类型数据的灵活存储和处理。这不仅可以提高数据的存储效率，还可以为后续的数据分析和挖掘提供有力的支持。

多源、多结构数据存储技术还具有高效的数据查询和检索能力。在生态环境监测中，常需要根据不同的需求对存储的数据进行查询和检索。传统的数据存储方式往往需要在海量的数据中进行遍历和搜索，效率低下且容易出错。而多源、多结构数据存储技术通过采用索引、分区、压缩等技术手段，可以实现对数据的快速查询和检索。同时，还可以通过数据可视化、数据挖掘等方式，对存储的数据进行深入分析和挖掘，为环境决策提供科学依据。

除了上述技术特点外，多源、多结构数据存储技术还需要关注数据的安全性和隐私保护问题。生态环境监测数据往往涉及个人隐私和国家安全等方面的问题，因此在数据存储和管理过程中需要采取相应的安全措施来保障数据的安全。这包括使用加密技术对数据进行加密处理，防止数据在存储和传输过程中被非法获取或篡改；同时，还需要建立严格的权限管理和访问控制机制，确保只有经过授权的人员才能访问和操作数据。

在实施多源、多结构数据存储技术时，我们还需要考虑数据的备份和恢复问题。由于生态环境监测数据的重要性不言而喻，一旦数据丢失或损坏将带来不可估量的损失。因此，我们需要建立完善的数据备份和恢复机制，定期对数据进行备份和检查，确保数据的可靠性和可用性。同时，还需要制定应急预案，以应对可能的数据丢失或损坏情况，确保数据的快速恢复和业务的连续性。

随着技术的不断发展和创新，多源、多结构数据存储技术也将不断完善和升级。未来，我们可以期待更加高效、安全、智能的数据存储和管理方案的出现，为生态环境监测数据的存储和管理提供更加有力的支持。

多源、多结构数据存储技术为生态环境监测数据的存储和管理提供了有效的解决方案。通过采用这种技术，我们可以实现对不同来源、不同结构的数据进行高效、安全、可靠地存储和管理，为环境保护和治理工作提供有力的数据支持。同时，我们还需要关注数据的安全性和隐私保护问题，确保数据的安全性和合法性。在未来的发展中，我们将继续探索和创新数据存储技术，为构建美丽中国贡献更多力量。

3.6 环境领域“空天地一体化”监测场景

“空天地一体化”监测技术正以前所未有的方式重塑环境监管、应急管理和国土空间治理的范式。这一技术体系通过整合卫星遥感、无人机巡航、地面传感和海洋监测等多维数据源，构建起“全域覆盖、全时响应、多维协同”的智能监测网络，实现了从宏观生态演变到微观污染源头的全链条精准管控。当前，随着5G、人工智能、数字孪生等新一代信息技术的深度融合，“空天地一体化”监测正从单纯的数据采集工具向智能决策平台跃升，在生态环境保护、重大灾害应急、气候变化研究和国土空间规划等领域展现出强大的应用价值。本节将系统梳理“空天地一体化”监测技术的最新进展、多领域创新实践和未来发展方向，揭示这一技术体系如何推动治理模式从被动响应向主动预防、从经验判断向数据驱动的深刻变革[5]。

在大气污染防治领域，“空天地一体化”监测通过多层次数据融合，实现了对大气污染物的精准溯源与协同控制。四川省生态环境监测总站构建的监测平台颇具代表性，该平台以“实现细颗粒物（$PM_{2.5}$）和臭氧（O_3）协同控制”为目标，形成了“污染溯源—污染防控—效果评估”的完整链条。平台整合了卫星遥感、激光雷达、地面站点等多源数据，利用WRF、CMAQ等空气质量模型和轨迹模型，能够快速揭示区域大气污染物的输送和转化过程，识别重点管控区域，将污染溯源精度提升至百米级别。在重大赛事保障期间，这一系统通过对污染传输通道的精准研判，将联防联控区域划分为“核心控制区”和“协同控制区”，为差异化减排策略提供了科学依据，避免了“一刀切”式管控带来的经济成本。

在水生态环境监测方面，传统采样方法只能获取离散点位数据，而高光谱遥测与三维建模技术则实现了全流域扫描。南京市浦口区采用无人机搭载高光谱设备对水体进行

“CT 式”扫描，通过“划线”“划圈”的飞行路径，快速获取整条河流或整个湖泊的水质浓度变化数据，尤其在蓝藻空间分布监测方面表现出较高精准度。湖北省则依托高分系列卫星构建了湖泊卫星遥感监测系统，对全省 755 个湖泊实行“一个月一普查”，22 个重点湖泊“两个月一详查”，开创了省级湖泊卫星遥感监测的先例[6]。该系统通过归一化水体指数（NDWI）和最大类间方差法，有效提取河湖水体信息，监测岸线变迁和“四乱”问题，使历史围湖造田、非法采砂等难题得到有效遏制。

在生态保护红线监管方面，“空天地一体化”监测形成了“卫星普查—无人机详查—地面核查”的三步走模式。甘肃省在黄河上游水源涵养区构建的监测系统通过 GF 系列卫星群组年度扫描生成生态“时间切片”，精准捕捉湿地萎缩、非法开发等隐患；无人机编队则通过厘米级三维建模透视植被冠层下的水土流失动态，将生态修复工程转化为可视化数字沙盘；地面智能传感器实时捕获土壤墒情到污染物浓度的微观数据，形成分子级的生态诊断能力。这种“宏观—中观—微观”相结合的监测体系，实现了从生态演变成因分析到修复效果评估的全过程管控，为高寒草甸修复、水源涵养林重建等工程提供了“数字导航仪”。

参考文献

[1] 卢星星. 数字中国建设背景下生态环境管理数字化转型探析[J]. 科技广场，2023（5）：49-58.

[2] 马克明. 基于感知方式现代化的和谐式生态系统管理范式[J/OL]. 应用生态学报，1-7[2025-09-22]. https：//link.cnki.net/urlid/21.1253.q.20250911.1905.002.

[3] 莫岩. 配电网调度自动化系统建设策略及发展方向分析[J]. 科技资讯，2024，22（19）：93-95.

[4] 岑诗敏，容小晴. 市级国土空间规划“一张图”实施监督信息系统建设研究[J]. 地矿测绘，2023，39（4）：33-37.

[5] 刘冰，宋柳洋，赵雅雯，等. 空天地一体化环境监测体系研究和应用进展[J]. 三峡生态环境监测，2023，8（2）：17-25.

[6] 熊昱，雷俊山，华平，等. 湖北湖泊保护与治理“十四五”规划思考[C]//中国水利学会. 中国水利学会 2021 学术年会论文集第一分册. 长江水资源保护科学研究所，湖北省湖泊保护中心，2021：367-370.

4 环境模拟技术

环境模拟技术是生态环境保护和管理的重要工具，它以数学模型、物理实验和计算机仿真为核心手段，通过精准复现土壤地下水、地表水、大气等环境要素的动态变化过程，以及风险事故的扩散路径和决策方案的实施效果，为环境管理部门提供可量化、可预测的科学依据。在当前生态环境问题日益复杂、环境管理需求不断升级的背景下，环境模拟技术已从单纯的学术研究工具，逐渐发展为支撑环境决策、污染治理、风险防控的核心技术，其应用范围覆盖了从微观污染物迁移到宏观生态系统演变的多个层面[1]。

4.1 环境模拟技术概论

环境模拟技术是一门融合环境科学、水文地质学、流体力学、计算机科学等多学科知识的交叉技术，其核心目标是通过构建简化但贴合实际的模型，揭示环境系统的内在规律和外在表现。从技术本质来看，它通过对环境要素的物理、化学、生物过程进行抽象和量化，将复杂的自然现象转化为可计算的数学方程或可观测的实验数据，从而实现对环境变化的预测和推演。例如，在地下水污染研究中，模拟技术可以将土壤的渗透系数、污染物的扩散系数等参数纳入模型，精准计算出十年后污染物的影响范围；在大气质量管理中，通过模拟不同气象条件下污染物的传输路径，能够提前 72 h 预测空气质量等级。这种“虚拟试验”的特性，使得环境模拟技术既能弥补实地监测在时空尺度上的局限性，又能规避大规模现场试验的高成本和高风险，成为连接理论研究与实际应用的关键纽带。目前，该技术已广泛应用于环境影响评价、污染场地修复、生态风险评估、气候变化应对等多个领域，为科学决策提供了不可或缺的技术支撑。

4.2 环境模拟技术进展

4.2.1 土壤地下水环境模拟

土壤地下水环境模拟是研究污染物在土壤孔隙和地下水体中迁移转化规律的核心技术，其核心是通过构建数值模型，量化地下水流动与溶质运移的耦合过程。该技术以水文地质学、溶质运移理论为基础，借助 GMS、FEFLOW 等专业软件平台实现模拟过程。在模型构建中，首先需要通过地质勘探获取地层结构数据，如土壤类型、渗透率、孔隙度等；通过抽水试验、弥散试验确定水文参数，如渗透系数、弥散系数等；再结合边界条件（如补给量、排泄量）和初始条件（如初始污染物浓度），建立反映实际场地特征的模型[2]。

MODFLOW 作为地下水流动模拟的经典模块，采用有限差分法求解地下水流运动方程，能够精准模拟不同含水层的水位变化和水流路径。例如，在天津滨海新区的地下水开采模拟中，MODFLOW 成功预测了过度开采引发的海水入侵范围，为制定合理的开采方案提供了依据。而 MT3DMS 模块则专注于溶质运移模拟，可考虑对流、弥散、吸附、降解等多种作用，如在江苏南通某农药厂污染场地的模拟中，该模块准确计算了农药残留物在地下水中的衰减速率和迁移距离，为修复周期的确定提供了关键参数[3]。

在实际应用中，土壤地下水模拟需经过严格的模型校准和验证，通过对比模拟值与监测数据的偏差，不断调整参数，确保模型的可靠性。例如，在江苏常州某化工园区的污染修复项目中，技术团队通过三轮参数率定，使地下水水位模拟误差控制在 0.5 m 以内，污染物浓度模拟误差小于 10%，最终利用模型划定了污染羽范围达 2.3 km^2，预测了未来 5 年污染物的迁移趋势，并据此设计了“抽出—处理”修复系统，使修复效率提升了 40%。

4.2.2 地表水环境模拟

地表水环境模拟聚焦于河流、湖泊、水库等水体的水动力过程和水质变化，是水环境管理和污染控制的重要工具。其技术核心是通过数值模型再现水体的物理、化学和生物过程，常用模型包括 EFDC、MIKE、SWAT 等，其中 EFDC 模型因具备多介质耦合模拟能力，在复杂水体模拟中应用广泛[4]。

水动力模拟是地表水模拟的基础，主要计算水体的流速、水位、流场分布等物理参数。EFDC 模型采用三维水动力方程，可模拟潮汐、风生流、密度流等复杂流动现象，例如在长江口的模拟中，该模型成功再现了涨落潮过程中水流的往复运动，以及盐水入侵的时空变化规律。水质模拟则在水动力模拟的基础上，引入污染物迁移转化方程，考虑降解、吸附、光合作用、底泥释放等过程，如在太湖富营养化模拟中，模型不仅计算了氮、磷等营养盐的浓度分布，还模拟了藻类生长与溶解氧的耦合关系，揭示了蓝藻水华暴发的诱因。

地表水模拟的应用需结合高精度的基础数据，如通过遥感技术获取的水体地形数据、在线监测站采集的水文水质数据、污染源调查得到的排放清单等。在淮河跨省河流的污染联防联控项目中，技术团队基于 EFDC 模型构建了覆盖 1 200 km 河道的模拟系统，输入了沿岸 56 个排污口的排放数据和 20 个水文站的监测数据，模拟了不同季节、不同流量条件下 COD、氨氮等污染物的浓度变化，评估了“控源截污”“生态流量调控”等 6 种方案的效果，最终推荐的方案使河流达标断面比例提升了 25 个百分点。

4.2.3 大气模拟

大气模拟主要研究污染物在大气中的传输、扩散、转化和沉降过程，为空气质量预测、污染源解析和减排方案制定提供技术支持。其核心是基于大气动力学和化学动力学理论，构建污染物在三维空间中的分布模型，常用模型包括 AERMOD、CALPUFF、WRF-Chem 等，其中 AERMOD 因适用于中尺度区域模拟，被广泛应用于环境影响评价和空气质量日常管理。

大气模拟的精度依赖于气象数据、污染源数据和地形数据的准确性。气象数据包括风速、风向、温度、湿度、气压等，通常来自气象站观测或气象模型模拟；污染源数据需明确排放源的位置、高度、排放量、污染物成分等，如工业点源、交通线源、农业面源的详细参数；地形数据则用于刻画山脉、建筑物等对气流的阻挡作用。AERMOD 模型通过计算污染物在大气边界层中的扩散系数，结合高斯扩散方程，预测不同受体点的污染物浓度，可模拟 $PM_{2.5}$、SO_2、NO_x 等多种污染物的时空分布[5]。

在实际应用中，大气模拟常用于区域空气质量达标规划和突发污染事件应急响应。例如，在京津冀及周边地区的“蓝天保卫战”中，研究团队利用 WRF-Chem 模型模拟了区域内 $PM_{2.5}$ 的来源解析，发现工业排放贡献占比达 45%，据此制定的针对性减排方案使区域 $PM_{2.5}$ 浓度年均下降 12%；在 2019 年江苏响水化工园区爆炸事件中，CALPUFF 模型在 1 h 内模拟出有毒气体的扩散范围，确定了 5 km 内的敏感区域，为人员疏散和应急处置提供了实时指导。

4.2.4 风险事故模拟

风险事故模拟是评估突发环境事件（如化学品泄漏、危险废物倾倒、爆炸引发的污染物扩散等）对环境和人体健康影响的关键技术，其核心是构建事故场景的动态扩散模型，量化污染物在多介质环境中的迁移路径和影响范围。该技术需结合事故源强分析、环境介质特性、受体敏感性等因素，为应急预案制定、风险防控措施设计提供科学依据。

风险事故模拟的首要步骤是确定事故场景，包括事故类型（如液体泄漏、气体爆炸、固体废物非法倾倒），污染物种类（如重金属、挥发性有机物、有毒气体），释放强度（如泄漏速率、排放量）等。例如，对于液体化学品泄漏事故，需计算泄漏量随时间的变化，结合土壤渗透率确定污染物进入地下水的速率；对于气体泄漏事故，则需考虑泄漏压力、温度对扩散初始速度的影响。随后，根据环境介质（大气、水体、土壤）的物理化学特性，选择相应的扩散模型，如大气泄漏采用 SLAB 模型、水体泄漏采用 CE-QUAL-W2 模型、土壤泄漏采用 HYDRUS 模型。

在山东淄博齐鲁化学工业园区的环境风险评估项目中，技术团队针对园区内 32 种危险化学品，构建了 58 种可能的事故场景模拟。其中，对液氯泄漏的模拟结果显示：在风速 3 m/s、温度 25℃的条件下，泄漏后 30 min 内，氯气浓度超过职业接触限值的范围达 1.2 km^2，涉及周边 2 个村庄和 1 所学校。据此，园区优化了应急隔离带设置，新增了 3 处应急物资储备点，并定期开展针对性疏散演练，使风险事故的应急响应时间缩短了 40%。

4.2.5 决策分析模拟

决策分析模拟是一种综合性的模拟技术，它整合了环境、经济、社会等多维度数据，通过构建多目标决策模型，评估不同管理方案的实施效果，为决策者提供最优选择。与单一要素模拟不同，决策分析模拟更注重系统性和整体性，需考虑政策实施的连锁反应和长期影响，其核心是建立“措施—效应—反馈”的量化关系[6]。

决策分析模拟的技术框架通常包括目标层、准则层和方案层。目标层明确决策的核心目标，如区域生态环境质量改善、经济可持续发展等；准则层涵盖实现目标的关键指标，如污染物减排量、投资成本、就业岗位变化等；方案层是具体的管理措施，如产业结构调整、污染治理工程、生态补偿政策等。通过层次分析法、数据包络分析、系统动力学等方法，将各层要素关联起来，模拟不同方案下的指标变化趋势。

在黄河流域某段生态保护与开发的决策项目中，技术团队构建了包含 12 个目标、36 项指标的决策分析模拟系统，对“严格保护”“适度开发”“开发优先”3 种方案进行了模拟。结果显示：“适度开发”方案可在确保流域水质达标率提升至 90%的同时，带动区域 GDP 增长 15%，且生态系统服务价值保持稳定。基于这一结果，当地政府最终选择了该方案，通过划定生态保护红线、发展生态旅游、建设污水处理厂等措施，实现了生态保护与经济发展的双赢。

4.3 环境领域人工智能技术

人工智能技术的融入为环境模拟技术带来了革命性突破，它通过数据驱动的方法弥补了传统物理模型在复杂过程刻画上的不足，显著提升了模拟的效率和精度。

机器学习算法在环境模拟中的应用主要体现在参数优化和模式识别上。例如，在水质模型参数率定中，传统方法需人工调整数 10 个参数，耗时且精度有限，而中国环境科学研究院的研究团队基于遗传算法优化的 BP 神经网络模型，可通过学习历史监测数据，自动寻优参数组合，使 COD 浓度模拟的平均误差从 15%降至 8%以下。在土壤重金属污染预测中，中国科学院南京土壤研究所采用随机森林模型，通过整合土壤 pH、有机质含量、土地利用类型等 20 余项因子，对污染浓度的预测准确率达到 92%，为污染风险分区提供了高精度数据。

深度学习技术则在复杂环境过程的快速模拟和时空预测上表现突出。清华大学环境学院将卷积神经网络（CNN）与遥感影像结合，实现了大范围地表水体水质参数的反演，对太湖叶绿素 a 浓度的反演精度 R^2 达 0.85，且计算效率较传统方法提升 20 倍。北京大学团队基于 LSTM 模型构建的 $PM_{2.5}$ 预测系统，可提前 48 h 预测城市各监测点的浓度变化，准确率达 80%，为空气质量预警提供了有力支持。

此外，人工智能与物理模型的融合形成了混合模拟框架，兼具数据驱动的灵活性和物理模型的可解释性。例如，浙江大学团队将大气扩散的物理方程嵌入深度学习模型的损失函数中，构建的物理约束神经网络，既保留了对湍流扩散等过程的物理描述，又利用数据学习修正了模型偏差，使突发污染事件的扩散模拟误差降低了 30%。这种融合技术在气候变化模拟、生态系统演变预测等复杂领域展现出巨大潜力，成为环境模拟技术的重要发展方向。

4.4 环境模拟技术应用场景

环境模拟技术的应用场景已从传统的污染治理扩展到生态保护、城市规划、公共卫生等多个领域，为解决复杂环境问题提供了多样化的技术支撑。

在工业领域，环境模拟技术广泛应用于污染防控和应急响应。例如，2019 年江苏响水化工园区爆炸事件中，技术团队采用 CALPUFF 模型模拟有毒气体（如氰化氢、氯气）的扩散路径，结合气象数据和地形参数，在 1 h 内确定了 5 km 范围内的高风险区域，为人员疏散和应急处置提供了实时指导。该模型通过计算大气边界层高度、风向风速变化，预测了污染物浓度随时间的衰减趋势，有效减少了事故造成的次生环境影响。此外，山东淄博齐鲁化学工业园区通过构建 58 种事故场景模拟，针对液氯泄漏场景，结合 SLAB 模型和 HYDRUS 模型，量化了不同风速条件下氯气在大气和土壤中的扩散范围，优化了园区应急隔离带设置，使应急响应时间缩短 40%。

在水资源管理领域，环境模拟技术用于优化水利工程调度和生态保护。以三峡水库为例，自 2011 年起实施的生态调度试验，通过模拟自然涨水过程，成功促进了四大家鱼的产卵繁殖。技术团队利用 EFDC 模型模拟水库下泄流量变化对下游水文过程的影响，结合水温、流速等参数，在 2013 年的试验中使宜昌站产生了 10 天的持续涨水过程，监测到四大家鱼鱼卵径流量达 0.584 亿粒，占监测期间总量的 50%以上，显著提升了鱼类资源恢复效果。此外，在地下水超采治理中，天津滨海新区采用 MODFLOW 模型模拟地下水流动场，预测过度开采引发的海水入侵范围，指导制定了“分区域限采+人工回补”方案，使地下水水位年均回升 0.3 m，有效遏制了生态退化趋势。

农业面源污染治理是环境模拟技术的重要应用领域。在太湖流域，研究团队采用 SWAT 模型模拟氮磷污染物在流域内的迁移转化过程，结合遥感数据和土地利用类型，量化了不同施肥强度和种植结构对水体富营养化的影响。例如，通过模拟发现，将化肥施用量减少 20%并增加有机肥替代，可使入湖总氮负荷降低 18%，总磷负荷降低 15%，为流域“控源截污”政策提供了科学依据。此外，模型还优化了农药施用时间和方式，通过模拟农药在土壤中的吸附—解吸过程，指导农户在雨季前减少农药使用量，使农药流失率降低 30%以上。

在海洋环境管理中，环境模拟技术用于预测海洋污染和生态灾害。2010 年美国墨西哥湾漏油事件中，技术团队综合运用 FVCOM（有限体积海岸海洋模型）和 ADIOS（油膜扩散模型），模拟了原油在海水中的扩散路径和风化过程。模型输入了泄漏量、海流速度、波浪参数等数据，预测油污影响范围达 10 万 km^2，并指导实施了“控油罩收集+分散剂喷洒”的综合应对方案，使约 75%的泄漏原油得到有效处理。此外，在赤潮预警方面，东海海域通过构建水动力—生态耦合模型，结合卫星遥感叶绿素 a 浓度数据，实现了提前 5～7 天预测赤潮发生区域，为渔业养殖和滨海旅游的应急管理提供了支持。

能源开发过程中的环境影响评估依赖环境模拟技术。例如，在页岩气开采项目中，美国得克萨斯州采用 MODFLOW 模型模拟压裂液注入对地下水的影响，通过建立三维渗流模型，分析了不同压裂深度和速率下的地下水水质变化。模拟结果显示，当压裂井距离含水层小于 500 m 时，苯系物浓度可能超过饮用水标准，据此优化了井位布局，使地下水污染风险降低 60%。此外，在核电站选址中，WRF-Chem 模型被用于模拟放射性物质在大气中的扩散，结合气象条件和地形数据，评估了不同厂址的环境风险，确保了核设施周边公众的辐射安全。

交通基础设施建设中的环境影响评估同样离不开模拟技术。北京轨道交通 R4 线一期北段工程在环评阶段采用 Cadna/A 模型模拟了高架段和地面段的噪声分布，结合敏感点位置和建筑类型，设计了全封闭声屏障和半封闭声屏障组合方案。模拟结果显示，全封闭声屏障可使噪声降低 15～20 dB，满足《声环境质量标准》（GB 3096—2008）的要求。此外，通过 CFD 模型模拟列车运行产生的活塞风对沿线空气质量的影响，优化了通风口布局，使隧道内 $PM_{2.5}$ 浓度降低 25%。

在国际环境合作中，环境模拟技术用于跨境污染研究和治理。东亚酸雨监测网络项目自 1993 年启动以来，通过多国联合模拟，分析了二氧化硫和氮氧化物的跨国传输路径。例如，模型显示中国东部工业排放的污染物可通过大气环流影响日本和韩国，导致区域酸雨频率增加 10%～15%。基于模拟结果，中、日、韩三国共同制订了《东亚酸雨防治行动计划》，通过实施脱硫脱硝，使区域内年均酸雨 pH 从 4.5 提升至 5.0，有效缓解了跨境污染问题。此外，在沙尘暴跨境传输研究中，全球气候模型（GCM）与区域气象模型的耦合模拟，揭示了蒙古国沙尘对中国华北地区的影响机制，为跨境沙尘联防联控提供了科学依据。

环境模拟技术在公共卫生领域的应用日益广泛。上海市环境科学研究院通过构建大气扩散模型与流行病学数据的耦合系统，量化了 $PM_{2.5}$ 浓度与心血管疾病发病率的关系。模拟结果显示，$PM_{2.5}$ 年均浓度每升高 10 $\mu g/m^3$，心血管疾病急诊就诊率增加 6.2%。基于这一结论，上海市实施了工业污染源深度治理和机动车限行政策，使 $PM_{2.5}$ 浓度从 2013 年的 72 $\mu g/m^3$ 降至 2023 年的 32 $\mu g/m^3$，相关疾病发病率下降了 18%。此外，在疫情防控期间，环境模拟技术被用于评估气溶胶传播风险，通过模拟室内通风条件下病毒颗粒的扩散路径，指导医院病房和公共场所的通风系统设计，降低了交叉感染概率。

环境模拟技术在气候变化研究中发挥着关键作用。中国科学院地理科学与资源研究所通过耦合全球气候模型（GCM）与区域生态模型，模拟了未来 50 年气候变化对三江平原湿地的影响。结果表明，气温上升 2℃，湿地面积将减少 30%，鸟类栖息地破碎化程度将加剧。基于此，当地实施了湿地补水工程和生态移民计划，通过模拟优化补水方案，使湿地生态系统服务价值在 5 年内增长 3 倍。此外，在城市热岛效应缓解中，北京城市副中心通过 CFD 模型模拟不同绿地布局对气温的调节作用，设计了“蓝绿交织”的生态网络，使夏季高温天数减少 15%，热岛强度降低 2℃。

环境模拟技术的多元化应用，不仅提升了环境管理的科学性和精准性，还为跨领域、跨区域的复杂环境问题提供了解决方案。随着技术的不断进步，其在生态保护、资源管理、公共安全等领域的应用前景将更加广阔。

参考文献

[1] 周刚，熊勇峰，呼婷婷，等. 地表水水质模型综合评价技术体系研究[J]. 环境科学研究，2020，33（11）：2561-2570.

[2] 张戈一，王路军，张锁，等. 基于 Feflow 软件的西部某深部矿区地下水系统演变特征研究[J]. 矿产保护与利用，2025，45（2）：29-37.

[3] 祖斌. Visual Modflow 在水文地质模型构建及地下水模拟中的应用[J]. 绿色科技，2018（16）：233-234.

[4] 王朝阳. 固定边界水流流场数值模拟技术的研究与实现[J]. 浙江水利水电学院学报，2015，27（3）：13-17.

[5] 陈娟. AERMOD 模型在大气环境影响一级评价中的应用[J]. 广东化工，2023，50（17）：133-136.

[6] 盛虎，向男，郭怀成，等. 流域水质管理优化决策模型研究[J]. 环境科学学报，2013，33（1）：1-8.

5 虚拟仿真技术

5.1 虚拟仿真技术简介

虚拟仿真技术是指用虚拟的环境模仿真实的环境，随着计算机技术的发展，现阶段的信息化应用不再是数据图表的展示，而是场景化的操作，更接近真实环境的模拟场景，让使用者从中获得近乎真实的体验和感受。虚拟仿真技术是以计算机技术为核心，融合计算机图形学、传感器技术、人工智能等多学科知识，通过构建三维虚拟环境复现物理世界的动态过程，兼具“模拟”的定量分析能力与“仿真”的沉浸式交互特性的综合性技术。其核心是通过数字化手段创建与真实世界高度相似的虚拟场景，并支持用户通过交互设备参与场景中的动态过程[1]。从狭义上讲，虚拟仿真是指20世纪40年代伴随计算机技术的发展而逐步形成的一类试验研究的新技术；从广义上讲，虚拟仿真则是在人类认识自然界客观规律的历程中一直被有效地使用着。由于计算机技术的发展，仿真技术逐步自成体系，成为继数学推理、科学实验之后人类认识自然界客观规律的第三类基本方法，而且正在发展成为人类认识、改造和创造客观世界的一项通用性、战略性技术。

在地球生态环境的监测、调查、溯源、预报预警的信息化应用中都可以将虚拟仿真技术作为技术载体融入应用实践中。监测点位及周边排放源的情况可以通过地理信息技术和卫星遥感图像相结合的方式进行真实环境的在线模拟，监测点位在部署完成后相对固定，排放源属于人为活动因素产生的，具有动态变化的属性，传统的污染源调查工作需要大量的人力定期进行重复性的走访摸排实现源清单的更新工作，如果运用卫星遥感+人工智能解译技术，就能分时段自动解译更新的遥感图像，从而获得相对动态更新的污染源清单数据。因基于虚拟数字地球的北斗高分剖面技术，源清单在解译的过程中其网格化的地理信息坐标也同步更新得到。在溯源及预报预警的场景化应用实践中更需要虚拟仿真技术将模型演算的数据在地理信息空间层面上进行可视化渲染后让管理决策者能更形象地得到污染成因、污染过程、未来发展趋势、影响范围及程度等业务场景的结果，从而作出相对更快、更准确的决策。

虚拟仿真技术的具体实现路径可通过数字孪生（Digital Twin）、虚拟现实（Virtual Reality）、增强现实（Augmented Reality）等技术来实现。

5.2 虚拟仿真技术发展

虚拟仿真技术的发展与计算机图形学、传感器技术及环境科学的融合进程深度绑定，其演进历程可划分为 4 个明确阶段，各阶段的技术突破均在生态环境领域形成具体应用成果。

20 世纪 60—80 年代为技术奠基期，核心标志是沉浸式交互设备的雏形出现。1968 年，美国麻省理工学院伊凡·苏泽兰研发的首台头戴式显示器“达摩克利斯之剑”，通过机械结构实现三维线框图像的沉浸式呈现，奠定了“虚拟环境构建”的技术逻辑[2]。这一时期，其在生态环境领域的应用局限于简单的数值模拟可视化，如 1976 年美国地质调查局（USGS）在地下水研究中，首次通过计算机程序将 MODFLOW 模型的计算结果转化为二维浓度分布图谱，虽未形成交互场景，但开启了环境数据可视化的先河。

20 世纪 90 年代为技术成型期，计算机图形学标准化推动虚拟场景实用化。1992 年 OpenGL 接口标准确立，统一了三维渲染的编程框架，使复杂环境模型的实时绘制成为可能；1994 年 VRML 语言诞生，实现了基于网络的虚拟场景共享。这一阶段，生态环境领域出现首个交互式虚拟仿真系统——1997 年美国国家环境保护局（EPA）开发的“虚拟泄漏模拟平台”，通过三维模型还原化工园区储罐泄漏过程，支持用户通过鼠标调整泄漏速率参数，观察不同风速下污染物在大气中的扩散路径，该系统被用于美国《应急计划与社区知情权法案》的培训课程[3]。

21 世纪初至 2010 年为技术普及期，商业化引擎降低开发门槛。2005 年 Unity 引擎发布，以可视化编程支持非专业人员构建虚拟环境；2012 年 OculusRift 原型机推动消费级 VR 设备普及。其在生态环境领域的应用从“静态展示”升级为“动态交互”：2010 年，中国环境科学研究院基于 Unity 引擎开发“流域水动力虚拟仿真系统”，整合 EFDC 模型计算结果，实现降雨—径流—污染物迁移的动态模拟，用户可通过滑块调整降水量，实时观察太湖流域水位变化与蓝藻生长趋势；2015 年，欧盟《水框架指令》实施过程中，采用 Unreal 引擎构建多瑙河流域虚拟场景，辅助成员国直观理解跨境污染协同治理方案。

21 世纪 20 年代至今为技术融合期，5G 与 AI 推动虚实联动。5G 网络的低延迟特性（端到端延迟≤20 ms）支持多用户协同仿真，AI 技术实现场景自动生成。2022 年，黄河三角洲国家级自然保护区应用虚拟仿真技术，整合 30 年卫星遥感数据（含高分系列卫星的植被指数、土地利用数据），构建湿地生态演变三维场景，用户通过 VR 设备可“回溯”

1992—2022 年湿地面积变化（从 1 530 km^2 增至 1 870 km^2），并模拟不同补水方案对芦苇群落的影响，该系统已纳入保护区生态修复决策流程；2023 年，生态环境部发布的《数字技术助力生态环境保护典型案例》中，深圳某化工园区的“AR 应急指挥系统”入选，该系统通过 SLAM 技术将 AERMOD 模型的实时扩散数据叠加在厂区实景中，指挥人员佩戴 AR 眼镜即可查看氯气泄漏的虚拟预警圈，在 2023 年实际应用中使应急响应时间缩短了 40%。

当前，虚拟仿真技术正朝着“多尺度耦合”方向发展，如将土壤孔隙尺度的溶质运移模拟（基于 HYDRUS 模型）与区域尺度的大气扩散模拟（基于 CALPUFF 模型）纳入统一虚拟场景，为生态环境“微观—宏观”联动管理提供技术支撑[4]。

5.3 数字孪生

5.3.1 技术概述

2012 年 NASA 给出了数字孪生的概念描述：数字孪生是指充分利用物理模型、传感器、运行历史等数据，集成多学科、多尺度的仿真过程，它作为虚拟空间中对实体产品的镜像，反映了相对应物理实体产品的全生命周期过程[5]。

数字孪生结合虚拟仿真技术与实时数据反馈，通过构建数字模型实现对物理系统的实时监测、分析与优化。系统通过收集、整合与分析实体系统的各类数据，构建对应的虚拟模型，进而实现全面仿真。这一仿真模型再现实体系统的运行状态与行为，为系统监控、预测与优化提供数据支持与决策依据。数字孪生的核心是将实体系统的物理特征、行为和性能转化为虚拟模型，并与实际系统实时同步，形成“孪生”关系。通过持续的数据收集、分析和处理，数字孪生系统不断优化虚拟模型，以更准确地反映实体系统的状态和运行状况。

数字孪生是一种超越现实的概念，可以被视为一个或多个重要的、彼此依赖的装备系统的数字映射系统。它是通过数字化手段构建物理实体、系统或流程的虚拟镜像，并借助实时数据驱动实现动态模拟与预测的新一代信息技术。其核心在于通过“数据采集—模型构建—实时映射—智能决策”的闭环，在虚拟空间中复现物理世界的运行规律，为复杂系统的精准管理提供沉浸式、前瞻性的分析工具。

数字孪生体是指在计算机虚拟空间存在的与物理实体完全等价的信息模型，可以基于数字孪生体对物理实体进行仿真分析和优化。数字孪生是技术、过程、方法，数字孪生体是对象、模型和数据。

与传统模拟技术相比，数字孪生的革命性在于“虚实融合的实时性”与“决策推演的前瞻性”：传统模型依赖历史数据离线计算，而数字孪生通过物联网实时反馈输入数据，实现“物理世界变动—虚拟空间秒级响应”；传统决策需依赖多次实地试错，而数字孪生可在虚拟空间中完成成百上千次方案推演，大幅降低试错成本。当前，数字孪生正与大模型技术深度融合——大模型通过跨模态数据处理能力优化建模效率（如自动识别遥感影像中的地物特征），数字孪生则为大模型提供可交互的物理验证场景，共同构建“数据智能—虚拟仿真—精准治理”的完整技术链条，推动环境治理从“事后应对”转向“事前设计”，成为实现生态环境治理体系现代化的核心使能技术。

5.3.2 系统组成

从现实到虚拟技术之间的逻辑对应关系来划分，数字孪生主要包含以下几个关键组成部分：物理实体、虚拟实体、服务（应用）以及孪生数据，各组成部分之间通过特定的连接实现信息交互与协同工作。其中，物理实体是数字孪生的基础，指的是真实世界中存在的物体、系统或过程，它可以是工厂里的机器设备、城市中的建筑，甚至是一个复杂的供应链网络等。例如，在工业制造领域，汽车制造厂的生产设备就是物理实体，它们具有具体的类型、功能和状态，通过对这些物理实体进行精确定义和唯一标识，能够方便地在数字世界中对其进行追踪和管理。虚拟实体则是对物理实体在虚拟空间中的数字化表示，它通过建立与物理实体相对应的虚拟模型，利用各种建模技术，如计算机辅助设计（CAD）模型、有限元分析（FEA）模型等，来精确地描述物理实体的几何形状、物理特性、行为特征等信息。服务（应用）是数字孪生系统实现特定功能和价值的核心部分，它基于物理实体和虚拟实体，通过各种算法、模型和软件工具，为用户提供一种与物理实体相关的各种功能和服务。例如，在设备维护服务中，通过分析虚拟实体中的数据和模型，可以预测物理实体设备的故障，并提供相应的维护建议和解决方案。孪生数据则是贯穿整个数字孪生系统的关键要素，它包括物理实体产生的原始数据，以及通过对这些数据进行处理、分析和转换后得到的各种中间数据和结果数据。这些数据不仅反映了物理实体的实时状态和历史信息，还为虚拟实体的建模、仿真和优化提供了基础，同时驱动了服务（应用）的运行和决策。各组成部分间的连接是实现数字孪生系统协同工作的关键，它通过各种传感器、网络和接口等技术手段，将物理实体与虚拟实体、服务（应用）之间紧密联系起来，实现数据的实时采集、传输、处理和反馈，确保整个系统的高效运行和动态交互。

从产品角度来划分，数字孪生主要包括数字化产品、数字化生产工艺流程、数字化设备等方面。数字化产品是指将产品的设计、研发、生产、销售、使用、维护等全生命周期的数据和信息进行数字化建模和管理，从而实现对产品的全面理解和优化。例如，西门子在风力涡轮机的应用中，通过数字孪生模型在开始批量生产之前进行数字化设计并测试风能设备，不仅可以在调试之前对关键阶段进行仿真以确保安全实施，而且维修人员还可以在实际调试之前进行虚拟培训，从而提高工程效率、缩短上市时间、简化调试、优化流程并改善服务。数字化生产工艺流程则是将生产过程中涉及的各种工艺参数、工艺路线、生产计划、质量控制等信息进行数字化表示和优化，以提高生产效率、降低成本、保证产品质量。例如，在空中客车公司的飞机组装过程中，使用数字孪生技术对碳纤维增强基复合材料机身结构的组装过程进行自动控制，通过建立数字孪生体的行为模型、不同层级的数字孪生体以及实现虚实交互与孪生体的协调工作，有效减小了剩余应力，提高了生产质量和效率。数字化设备是指将生产设备、设施、工具等进行数字化改造和升级，使其具备数据采集、传输、处理和控制等功能，从而实现设备的智能化管理和优化运行。例如，在东风汽车发动机生产线数字孪生系统中，依托数字孪生技术对实体生产线进行 1∶1 还原 3D 数字化建模，结合数以千计的传感器和设备的实时数据，实现了远程生产线生产监控、低库预警、质量溯源等功能，进而提高了生产过程的透明度并优化了生产过程。通过这些数字化的组成部分，数字孪生完整真实地再现了整个企业，为企业提供了全方位的数字化管理和决策支持，推动了企业的数字化转型和创新发展。

5.3.3 工作原理

数字孪生技术的基本原理包括物理模型的建立、传感器技术和数据分析。通过这些要素的结合，我们能够实时监测、预测和优化实际物体的行为和性能。

物理模型的建立是对实际物体中的各种因素进行精确建模和仿真的过程。通过传感器从实际物体中获取数据，并将其与模型进行对比分析，我们能够了解实际物体的行为、结构和性能。物理模型可以基于各种不同的建模方法，如数学建模、计算机辅助设计等。它能够提供准确的物理特性和行为预测，为实际物体的监测、优化和改进提供有力的支持。

传感器是用于采集实时数据的设备，可以感知物理世界中的各种参数和特性。传感器可以通过不同的方式采集数据，如温度传感器、压力传感器、加速度传感器等。这些传感器可以将实际物体的状态和行为转化为数字信号，并将其传输到数字孪生系统中进行分析和反馈。传感器技术的发展为数字孪生技术提供了更精确、更多样化的数据来源，使我们能够更好地理解和控制实际物体。

采集到的数据需要经过处理和分析，以提取有用的信息。数据分析可以应用各种算法和技术，如机器学习、数据挖掘等，从大量的数据中发现潜在的模式和规律。通过对数据的分析，我们能够预测实际物体的行为、优化其性能、识别潜在故障等。数据分析不仅为数字孪生技术提供了决策依据，还为实际物体的运行和维护提供了重要的参考。

5.3.4 关键技术

模型、数据、服务和连接始终在数字孪生中扮演着最重要的角色，这 4 个部分也是数字孪生的关键技术。

5.3.4.1 模型

数字孪生的一个重要特征是，对于每个物理对象，都有一个“数字镜像”存在于虚拟世界中，并与它在整个生命周期中一起“工作”。大多数人对数字孪生第一印象中的“3D 模型”，就是这里所说的模型中的一部分，但数字孪生的模型，不仅是你能看到的 3D 模型，它包括几何尺寸、物理特性和行为等，还具有实时同步、可靠映射和高保真等特点。

数字孪生采用 BIM（建筑信息模型）与 GIS（地理信息系统）融合技术构建高精度三维模型，结合 CFD（计算流体动力学）、SWAT（土壤和水资源评估工具）等专业模型实现物理过程仿真。例如，某生态保护区数字孪生系统的地形模型采用激光雷达扫描数据构建，点云密度达每平方米 100 个点，模型误差≤0.5 m，可精准反映山脊、溪流等微地形特征；水质模型则集成 EFDC（环境流体动力学代码），模拟污染物在水体中的对流、扩散过程。

5.3.4.2 数据

数字孪生数据一般由五部分组成：一是来自物理实体的数据，主要包括运行状态和工作条件；二是来自虚拟镜像的数据，由模型参数和模型运行数据组成；三是来自服务应用的数据，描述服务的封装、组合、调用等；四是从收集的数据中挖掘或从现有数据库和系统中获取的领域知识；五是以上数据的融合处理数据，可以通过数据融合算法（如神经网络、D-S 算法和卡尔曼滤波）获得。

5.3.4.3 服务

服务又分为面向物理实体和面向虚拟镜像两种服务。这些服务通过实时调节使物理实体按预期工作，并通过物理实体与镜像模型的关系校准以及模型参数校准保持虚拟镜像的高保真度。面向物理实体的服务主要包括监测服务、PHM 服务、状态预测服务、能耗优化服务等；面向虚拟镜像的服务主要包括模型的构建服务、标定服务和测试服务等。

5.3.4.4 连接

依托 5G 专网与工业互联网协议（如 MQTT 协议）实现设备、模型、平台之间的无缝连接，支持百万级传感器数据的并发传输与处理。例如，某省域生态环境数字孪生平台通过 5G 网络连接 1.2 万个大气监测站，实现监测数据的实时汇聚与虚拟模型的秒级更新。

5.4 虚拟现实

5.4.1 技术概述

虚拟现实（VR）技术是一种可以创建和体验虚拟世界的计算机仿真系统，它利用计算机生成一种模拟环境，使用户沉浸到该环境中。虚拟现实技术就是利用现实生活中的数据，通过计算机技术产生的电子信号，将其与各种输出设备结合使其转化为能够让人们感受到的现象，这些现象可以是现实中真真切切的物体，也可以是我们肉眼看不到的物质通过三维模型表现出来。因为这些现象不是我们直接所能看到的，而是通过计算机技术模拟出来的现实中的世界，故称为虚拟现实[6]。

该技术最早出现在 20 世纪 80 年代，在日常生活中也被称为 VR 技术。虚拟现实技术在国内被创意地称为“灵境”技术，这一名称来源于人间仙境的概念。仙境是人们在理想状态下幻想的一个世界，是由人构想并完全虚构的。“灵境”技术是人为创建的一种可以体验虚拟世界的计算机系统，是一种由计算机生成的高技术模拟系统，基础的部分融合了图形图像处理、多媒体；高难度的部分融合了仿真技术、传感器、三维显示、人机交互等，这些跨学科的技术相互融合，共同构建了一个复杂的虚拟仿真世界。随着社会生产力和科学技术的不断发展，在 21 世纪随着 5G 时代的到来，各行各业对 VR 技术的需求也日益旺盛，未来生活趋势也会在更多的虚拟与现实之间切换。

虚拟现实技术受到了越来越多人的认可，用户可以在虚拟现实世界体验到最真实的感受，其模拟环境的真实性与现实世界难以分辨，使人有种身临其境的感觉；同时，虚拟现实具有一切人类所拥有的感知功能，如听觉、视觉、触觉、味觉、嗅觉等感知系统；最后，它具有超强的仿真系统，真正实现了人机交互，使人在操作过程中可以随意操作并且得到环境最真实的反馈。

5.4.2 系统组成

完整的 VR 系统一般包含头戴式显示设备（头显设备）、主机系统、追踪系统、控制器等。

①头显设备（HMD），这是大家最熟悉的，俗称虚拟现实眼镜，它是一种硬件设备，将人的对外界的视觉、听觉封闭，引导用户产生一种身在虚拟环境中的感觉。其显示原理是左右眼屏幕分别显示左右眼的图像，人眼获取这种带有差异的信息后在脑海中产生立体感。

②主机系统，是指为 HMD 提供各种功能保证的设备，如智能手机、PC 等。主机系

统决定了 HMD 的智能化和自动化程度。目前的 VR、AR 厂商也非常乐于与主机系统厂商合作。

③追踪系统，一般作为 HMD 的外设，当然也可以被整合到设备中。一般包括内置传感器、陀螺仪和磁力计。追踪系统是通过捕捉用户运动来创造一种沉浸式的体验，如你戴着 HMD 抬头，那屏幕画面就可以通过接收追踪系统发送的信号把画面转化为天空。

④控制器，一般作为手持设备出现，通过它可以让用户追踪自己的动作和手势。

5.4.3 工作原理

VR 技术的实现涉及多方面，如图像处理、物理仿真、人机交互等。

5.4.3.1 图像采集

VR 设备需要通过摄像头或其他传感器捕捉用户的动态信息，在虚拟环境中进行渲染。因此，图像采集是 VR 技术的重要组成部分。VR 设备通常内置多个传感器，如陀螺仪、加速度计、磁力计等，可以获取用户的位置、姿态、加速度、角速度等信息。同时，VR 设备还需要配备高画质的摄像头，以捕捉用户的视野信息。

在 VR 技术中，图像采集不仅包括用户的视觉信息，还需要获取用户的其他感官信息，如听觉、触觉等信息。因此，VR 设备通常还会配备麦克风、触摸屏等相关传感器。

5.4.3.2 图像处理

图像处理是将采集到的数据进行处理和优化，以提高用户的视觉体验。VR 技术中常用的图像处理方法包括图像去畸变、图像分辨率转换、图像扭曲等。

在 VR 技术中，由于用户的双眼距离和视角不同，因此需要对左右两只眼睛的图像进行区分，并且进行立体成像。这可以通过将左右两只眼睛的图像分别渲染出来，并且利用 3D 眼镜或者头戴式显示器让用户同时看到两张图像来实现。

5.4.3.3 图像显示

图像显示是将处理后的数据实时渲染出来，让用户可以看到虚拟现实环境。VR 设备通常配备两个高分辨率的显示器，并且需要根据用户的眼睛位置和方向来动态调整图像渲染方式。

5.4.3.4 物理仿真

物理仿真是 VR 技术中非常重要的一部分，它通过计算机模拟物理世界中的各种物理规律，让用户在虚拟环境中获得更加真实的感觉。物理仿真主要涉及力学、光学、声学、电磁学等方面的知识。

在 VR 技术中，物理仿真被广泛应用于游戏和模拟领域。例如，在游戏中，物理引擎可以模拟重力、碰撞、摩擦等物理规律，让用户能够在虚拟环境中体验到更加真实的游戏场景。在模拟领域，物理仿真可以帮助用户进行各种模拟实验，如飞行模拟、人体解剖学模拟等。

5.4.3.5 人机交互

VR 技术的最终目的是让用户在虚拟环境中进行自由交互，因此人机交互是 VR 技术中不可或缺的部分。VR 设备通常配备手柄、手套等控制器，以便用户可以控制虚拟环境中的各种操作。同时，VR 技术还可以结合语音识别、头部追踪等技术来提高用户的交互体验。

在人机交互中，手柄和手套是最常见的交互方式。用户可以通过手柄和手套控制虚拟环境中的各种操作，如移动、旋转、抓取等。同时，VR 技术还可以利用头部追踪技术，让用户可以通过头部动作控制虚拟环境中的各种操作。

5.4.4 关键技术

5.4.4.1 动态环境建模技术

虚拟环境的建立是 VR（虚拟现实）系统的核心构成，其本质在于依赖多源数据采集与数字化建模技术，构建具备高度真实感与交互性的虚拟空间。在这一过程中，核心目标是精准获取实际环境的三维几何信息、纹理特征及动态属性。为了实现这一目标，需要综合运用多种先进的数据采集设备和技术手段，如激光扫描仪、3D 摄影测量技术、无人机航拍等，以获取全面而精确的环境数据。这些数据经过专业的处理和分析软件，被转换为计算机可识别和处理的数字格式，进而为构建虚拟环境模型提供基础。

在构建虚拟环境模型时，必须依据具体应用场景的需求进行定制化设计。例如，在城市规划领域，需要构建包含城市地形、建筑物、道路、植被等元素的多层次、多维度虚拟城市模型。通过对城市现状的精确建模，结合未来规划方案的虚拟呈现，规划人员可以提前评估规划方案的可行性和效果，优化城市布局，提高城市资源的利用效率。在工业仿真领域，虚拟环境模型需要精确地模拟工厂车间的布局、生产设备的运行状态、物流传输过程等，以实现对工业生产流程的优化、故障预测与排除、员工培训等多方面的应用。在文化遗产保护领域，通过三维扫描和建模技术，可以对历史建筑、文物古迹等进行数字化保存和修复。构建的虚拟文化遗产模型不仅可以用于学术研究和文化传承，还可以通过虚拟现实技术让公众更加直观地了解和体验文化遗产的魅力，增强文化保护意识。

随着虚拟现实技术的不断发展，动态环境建模技术也在不断创新和突破。例如，为了提高虚拟环境的真实感和交互性，研究人员正在探索如何更好地模拟环境的动态属性，如光照变化、天气现象、物体运动等。这些动态因素的精确模拟将使虚拟环境更加逼真，为用户提供高质量的沉浸式体验。同时，为了满足不同应用场景对虚拟环境模型的多样化需求，研究人员也在不断研究和开发更加高效、灵活的建模算法和工具，以实现快速、准确的虚拟环境构建。

5.4.4.2 实时三维图形生成技术

三维图形生成技术的成熟奠定了数字可视化的基础，而“实时性”作为其核心竞争力，决定了虚拟场景与用户交互的流畅度和沉浸感。实时三维图形生成的技术本质，是在有限的硬件算力约束下，通过优化图形渲染管线、动态资源调度和算法加速，实现三维场景的快速渲染与更新。根据人机工程学研究，当图形刷新频率低于 15 帧/s（FPS）时，人眼可感知明显卡顿；高于 30 帧/s 时，动态画面趋于流畅；而在 VR/AR 等沉浸式场景中，需达到 60 帧/s 以上才能有效降低用户眩晕感。

5.4.4.3 立体显示和传感器技术

虚拟现实的交互能力，从其产生之日起，便紧紧依赖立体显示和传感器技术的不断进步与发展。然而，尽管这一领域已经取得了显著的成就，但现有的设备和技术水平仍然远不能满足当前以及未来虚拟现实应用的广泛需求。在力学和触觉传感装置方面，尽管已经取得了一些初步的研究成果，但要实现更加自然、真实、细腻的交互体验，还有极大的研究深度需要深入挖掘。例如，目前的力学传感器在力的微小变化感知、多维度力的精准分解以及长时间稳定输出等方面仍存在明显的性能瓶颈；触觉传感器在模拟物体表面纹理、温度变化以及复杂触感反馈等方面也缺乏足够的精度和灵活性。因此，针对这些关键问题，学术界和工业界都在积极投入大量资源，开展广泛而深入的研究工作，以期取得突破性进展。

在虚拟现实设备的跟踪精度和跟踪范围方面，同样面临着一系列迫切需要解决的挑战。跟踪精度的不足会导致虚拟环境中用户的动作与虚拟对象的反应之间出现延迟、偏差或不一致的现象，从而破坏用户的沉浸感和交互体验。而跟踪范围的限制则会极大地制约用户的活动空间，使一些需要大范围移动的应用场景（如大型虚拟场景探索、多人协同交互等）难以顺利实现。目前，许多高端的虚拟现实设备，如一些先进的头戴式显示器（HMD）和全身动作捕捉系统，虽然在一定程度上提高了跟踪精度和范围，但仍然无法完全满足专业用户（如工业设计师、医疗培训专家等）对于高精度、大范围跟踪的需求。因此，如何进一步提升虚拟现实设备的跟踪精度和范围，成了当前该领域的一个重要研究方向。

5.4.4.4 应用系统开发工具

在虚拟现实领域，应用系统开发工具起着至关重要的作用。这是因为虚拟现实应用的核心在于找到合适的应用场景和目标对象。只有当虚拟现实技术被正确地应用在能够充分发挥其优势的场合，并针对特定的对象进行定制化开发时，才能真正实现提高生产效率、减轻劳动强度以及提升产品质量的目标。

例如，在工业设计中，利用虚拟现实技术，设计师可以在虚拟环境中创建和测试产品模型，这不仅加快了设计迭代的速度，还减少了物理原型制作的成本。在医疗培训领域，虚拟现实模拟手术环境可以让医生进行无数次无风险的练习，从而提升手术技能，最终提高手术的成功率和患者的安全性。

为了达到这一目的，深入研究虚拟现实的开发工具是必不可少的。开发工具的质量和功能直接决定了虚拟现实应用的性能和用户体验。一个好的开发工具应该能够提供丰富的资源库、便捷的编辑界面、高效的渲染引擎以及良好的兼容性等。这样，开发者才能更加高效地创建出既符合实际需求又具有高度沉浸感的虚拟现实应用。

目前，市面上有许多虚拟现实应用系统开发工具可供选择，如 Unity、Unreal Engine 等。这些工具各有特点，能够满足不同行业和领域的需求。然而，随着虚拟现实技术的不断发展和应用场景的日益复杂，对开发工具的要求也在不断提高。因此，持续地研究和改进虚拟现实开发工具，对于推动整个虚拟现实行业的发展具有重要意义。

5.4.4.5 系统集成技术

在 VR 系统中，由于包含大量的感知信息和模型，系统集成技术发挥着至关重要的作用。集成技术涵盖多个方面，包括信息的同步技术、模型的标定技术、数据转换技术、数据管理模型、识别与合成技术等。信息的同步技术确保了不同来源的数据能够在同一时间框架内协调一致，这对于创建沉浸式体验至关重要。模型的标定技术则涉及如何精确地将虚拟模型与现实世界中的物体进行匹配和校准，以提高系统的准确性和可靠性。数据转换技术负责将不同格式的数据进行转换，使其能够在系统内无缝流动和处理。数据管理模型为海量的感知信息和模型数据提供了有效的组织和存储方式，确保数据的高效访问和管理。识别与合成技术则涉及对来自各种传感器的信息进行分析、识别，并将其合成一种连贯的虚拟环境，用户能够以自然的方式与之交互。

5.4.5 基本特征

虚拟现实技术以其独特的特性（沉浸性、交互性和构想性）在日常生活中的应用逐渐变得广泛。这一技术在 21 世纪获得了科学家和电子信息研究者的深度关注与研究，带来了创新产品和应用的开发，如在 2023 年 6 月苹果公司发布了一个全新类型的产品——Apple Vision Pro。该产品是大众所期待的苹果虚拟现实头显。在全新技术下的苹果虚拟现实头显，不同于其他的虚拟现实设备用手柄等控制效果，只用我们的眼神控制、手势控制以及语音控制就可以在虚拟现实中进行交互。通过这样的发展案例，可以清楚地看到，虚拟现实技术不仅为我们提供了一个全新的互动平台，也为未来的日常生活交流、教育学习以及职场工作带来了更多的可能性和机遇。

沉浸性虚拟现实技术能够使得用户通过头戴显示器和手柄等交互设备带来身临其境的感觉。在现实生活中，单向的平面显示难以带来沉浸式体验，用户在电脑或电视旁往往容易受到外界干扰。而虚拟现实技术则由头戴显示器，通过光学设备将图像投射到佩戴者的眼睛前方，显示屏呈现出逼真的图像，眼镜固定在显示屏的适当位置，透镜将图像聚焦在了佩戴者的眼睛上，从而形成 360°的沉浸式体验感。在虚拟现实世界中，当用户通过感知设备体验到虚拟环境中输入要素的变化时，这些刺激会引发思维与感觉上的共鸣，从而使用户在心理和感官上深深地沉浸于所观察的场景之中。

交互型用户通过特定的设备等与虚拟环境进行交互。这些设备能够捕捉用户的动作、语言甚至面部表情，并将这些信息转化为计算机语言，实现与计算机的互动。计算机能根据使用者的头、手、眼、语言及身体的运动，调整系统呈现的图像及声音。用户可以通过手势、语言命令等方式对虚拟环境进行操作，并得到实时反馈，如视觉、听觉、触觉等。

构想性是在虚拟现实中的各类事物存在的合理性，虚拟现实技术中创作的三维空间都是现实生活中不存在的，用户通过虚拟现实技术可以获取新的知识，提高对事物的感性和理性认识。

5.4.6 技术融合趋势

5.4.6.1 与大模型（AIGC）结合

VR 的交互逻辑正从“预设脚本”向“智能响应”进化。大模型可根据用户语音指令动态生成虚拟场景——例如，用户说“我想看看 2050 年碳中和后的城市”，模型自动调用气候数据、建筑设计库，生成低碳城市的 VR 场景，包括太阳能建筑群、氢能交通网络等细节。同时，AI 驱动的虚拟助手（如 Meta 的 AI 聊天机器人）可实时解答用户疑问，提升沉浸式体验的互动深度。

5.4.6.2 与数字孪生深度协同

VR 作为数字孪生的可视化入口，可实时同步物理实体的状态。例如，在智能电网中，VR 界面动态展示 thousandsof 输电塔的风速、覆冰数据，运维人员通过手柄点击虚拟塔架，即可查看实时监控画面与故障预警信息，实现“虚拟巡检—实体修复”的闭环。

5.4.6.3 5G/6G 与边缘计算的赋能

高速网络降低 VR 数据传输延迟，推动“云 VR”模式普及。用户无须本地部署高性能主机，通过 5G 网络串流云端渲染的 4K/8K 虚拟场景，解决传统 VR 设备的算力瓶颈。边缘计算则优化实时交互响应，如在 VR 远程手术中，触觉反馈延迟从 100 ms 降至 20 ms 以下，接近真实触感。

5.5 增强现实

5.5.1 技术概述

增强现实（Augmented Reality，AR）技术是一种将虚拟信息与真实世界巧妙融合的技术，集成了多媒体、三维建模、实时跟踪及注册、智能交互、传感等多种技术手段，将计算机生成的文字、图像、三维模型、音乐、视频等虚拟信息模拟仿真后，应用到真实世界中，两种信息互为补充，从而实现对真实世界的“增强”。增强现实技术也被称为扩增现实，是促使真实世界信息和虚拟世界信息综合在一起的较新的技术，其将原本在现实世界的空间范围中比较难以进行体验的实体信息在电脑等科学技术的基础上，实施模拟仿真处理，将虚拟信息内容叠加到真实世界中加以有效应用，并且在这一过程中能够被人类感官所感知，从而实现超越现实的感官体验。真实环境和虚拟物体重叠之后，能够在同一个画面以及空间中同时存在。增强现实技术在现实世界环境中运行，是将虚拟物建立在现实基础上的。搭载增强现实技术的文创产品克服了传统文创产品静态化的劣势，增强了传播性和体验性。增强现实文创产品具有卓越的传播力，以手机、平板电脑、计算机等智能终端为载体，突破时间、空间和显示形式的限制，增强文创产品的交互性，丰富使用者的体验感。

增强现实技术不仅能够有效体现真实世界的内容，也能够促使虚拟的信息内容显示出来，这些细腻内容相互补充和叠加。在视觉化的增强现实中，用户需要在可穿戴设备的基础上，促使真实世界能够和电脑图形重合在一起，在重合之后可以充分看到真实的世界围绕着它。增强现实技术主要包括多媒体和三维建模以及场景融合等新的技术和手段，增强现实所提供的信息内容和人类能够感知的信息内容之间存在明显不同。

5.5.2 系统组成

增强现实系统在功能上主要包括 4 个关键部分，其中，图像采集处理模块是采集真实环境的视频，然后对图像进行预处理；注册跟踪定位系统是对现实场景中的目标进行跟踪，根据目标的位置变化来实时求取相机的位姿变化，从而为将虚拟物体按照正确的空间透视关系叠加到真实场景中提供保障；虚拟信息渲染系统是在清楚虚拟物体在真实环境中的正确放置位置后，对虚拟信息进行渲染；虚实融合显示系统是将渲染后的虚拟信息叠加到真实环境中再进行显示。

一个完整的增强现实系统是由一组紧密联结、实时工作的硬件部件与相关软件系统协同实现的，有以下 3 种常用的组成形式。

（1）基于计算机显示器

在基于计算机显示器的增强现实实现方案中，摄像机摄取的真实世界图像输入计算机中，与计算机图形系统产生的虚拟景象合成，并输出到计算机显示器。用户从屏幕上看到最终的增强场景图片。这种实现方案较简单。

（2）视频透视式

头盔式显示器（Head-Mounted Displays，HMD）被广泛应用于增强现实系统中，用以增强用户的视觉沉浸感。根据具体实现原理又可以划分为两大类，分别是基于光学原理的光学透视式 HMD（Optical See-through HMD）和基于视频合成技术的视频透视式 HMD（Video See-through HMD）。

视频透视式增强现实系统采用基于视频合成技术的穿透式 HMD（Video See-through HMD）。

（3）光学透视式

光学透视式增强现实系统具有简单、分辨率高、没有视觉偏差等优点，但它同时存在定位精度要求高、延迟匹配难、视野相对较窄和价格高等问题。

5.5.3 工作原理

AR 的实现主要基于三大技术：三维注册（跟踪注册技术）、虚拟现实融合显示、人机交互。其流程是首先通过摄像头和传感器将真实场景进行数据采集，并传入处理器对其进行分析和重构，再通过 AR 头显或智能移动设备上的摄像头、陀螺仪、传感器等配件实时更新用户在现实环境中的空间位置变化数据，从而得出虚拟场景和真实场景的相对位置，实现坐标系的对齐并进行虚拟场景与现实场景的融合计算，最后将其合成影像呈现给用户。用户可通过 AR 头显或智能移动设备上的交互配件，如话筒、眼动追踪器、红外感应器、摄像头、传感器等设备采集控制信号，并进行相应的人机交互及信息更新，实现增强现实的交互操作。其中，三维注册是 AR 技术的核心，即以现实场景中二维或三维物体为标识物，将虚拟信息与现实场景信息进行对位匹配，即虚拟物体的位置、大小、运动路径等与现实环境必须匹配，达到虚实相生的地步。

5.5.4 关键技术

5.5.4.1 跟踪注册技术

为了实现虚拟信息和真实场景的无缝叠加，要求虚拟信息与真实环境在三维空间位置中进行配置注册。这包括使用者的空间定位跟踪和虚拟物体在真实空间中的定位两个方面的内容。而移动设备摄像头与虚拟信息的位置需要对应，这就需要通过跟踪技术来实现。跟踪注册技术首先检测需要“增强”的物体特征点以及轮廓，跟踪物体特征点自动生成二维或三维坐标信息。跟踪注册技术的好坏直接决定着增强现实系统的成功与否，常用的跟踪注册方法有基于跟踪器的注册、基于机器视觉跟踪注册、基于无线网络的混合跟踪注册技术 3 种。

5.5.4.2 显示技术

增强现实（AR）技术的显示系统是核心组成部分，若想构建虚实融合度高的 AR 系统并提升其实际应用便捷性，采用色彩表现力丰富的显示器是重要基础。基于这一基础，AR 显示设备主要分为头盔式显示器（HMD）和非头盔式显示设备，其中头盔式显示器可为用户提供沉浸式的虚实融合体验。这类头盔式显示器的工作原理，与虚拟现实（VR）领域的沉浸式头盔高度相似。它通过交互接口与用户联动，并借助微型摄像机拍摄外部真实环境图像；计算机对这些图像进行处理后，可将虚拟内容与真实环境精准融合。其中，光学透视型头盔显示器可在此基础上，通过用户眼前的半透半反光学合成器，将虚拟内容与真实环境无缝叠加——真实场景经半透镜投射至人眼，为用户提供兼具真实感与虚拟信息的视觉支持，满足其交互操作需求。

5.5.4.3 虚拟物体生成技术

应用增强现实技术时，其目标是借助算法程序将虚拟世界相关内容叠加到真实世界，进而有效实现物体的动感操作。当前虚拟物体的生成是在三维建模技术的基础上得以实现的，能够充分体现虚拟物体的真实感，在增强现实动感模型研发的过程中，需要对物体对象进行全方位、立体化展示。虚拟物体生成的过程中，自然交互是比较重要的技术内容，在具体实施时，对现实技术的有效实施提供辅助，使信息注册更好地实现，利用图像标记实时监控外部输入信息内容，使增强现实信息的操作效率能够提升，并且用户在信息处理时，可以有效实现信息的加工，提取其中有用的信息。

5.5.4.4 交互技术

与在现实生活中不同，增强现实是将虚拟事物在现实中呈现，而交互是为帮助虚拟事物在现实中更好地呈现做准备，因此想要得到更好的 AR 体验，交互是其中的重中之重。

AR 设备的交互方式主要分为以下 3 种：

①用现实世界中的点位选取进行交互是最为常见的一种交互方式，如 AR 贺卡和毕业相册就是通过图片位置进行交互的。

②对空间中的一个或多个事物的特定姿势或者状态加以判断，这些姿势都对应着不同的命令。使用者可以任意改变和使用命令进行交互，如用不同的手势表示不同的指令。

③使用特制工具进行交互。如谷歌地球就是利用类似鼠标的工具进行一系列操作，从而满足用户对 AR 互动的要求。

5.5.4.5 合并技术

增强现实的目标是将虚拟信息与输入的现实场景无缝结合，为了增加 AR 使用者的现实体验，要求 AR 具有很强的真实感，为了达到这个目标，不仅需要考虑虚拟事物的定位，还需要考虑虚拟事物与真实事物之间的遮挡关系以及具备 4 个条件，即几何一致、模型真实、光照一致和色调一致，这四者缺一不可，任何一个条件的缺失都会导致 AR 效果不稳定，从而严重影响 AR 的体验。

5.5.5 技术融合趋势

5.5.5.1 与 AI 深度协同

AR 的环境理解能力因 AI 技术突破而大幅提升。计算机视觉算法（如 YOLOv8）实现实时物体识别，使 AR 系统可自动检测场景中的桌椅、墙面等元素，并据此调整虚拟物体的遮挡关系（如虚拟电视“放置”在真实桌面上）。自然语言处理（NLP）则支持语音交互，用户可通过指令“放大这个零件”动态调整虚拟模型视角，解放双手操作。

5.5.5.2 5G 与边缘计算的赋能

5G 网络的低延迟（<10 ms）与高带宽特性推动云 AR 普及。用户无须本地存储海量 3D 模型，通过 5G 串流云端渲染的虚拟内容，降低设备硬件成本（如手机即可运行高画质 AR 应用）。边缘计算则在本地处理实时数据（如头部追踪、手势识别），进一步减少云端传输延迟，提升交互流畅度。

5.5.5.3 与数字孪生的虚实联动

AR 成为数字孪生系统的轻量化访问入口。例如，在智能建筑中，用户通过 AR 眼镜扫描墙面，即可查看隐藏的管线数字孪生模型（如温度、流量数据），并通过手势操作模拟阀门开关，实时观察物理系统的响应。这种“所见即所得”的交互方式，使复杂系统管理更加直观高效。

5.5.5.4 多模态交互技术融合

除传统的触控与手势外，AR 正探索眼动追踪（如 Pico4Pro 的注视点渲染）、脑电信号识别（如 EmotivInsight 头环捕捉注意力集中度）等新交互方式。例如，用户注视虚拟按钮 2 s 即可触发操作，解放双手；脑电信号可用于判断用户对 AR 内容的兴趣程度，动态调整展示策略。

5.6 虚拟仿真应用场景

基于数字地球的虚拟仿真技术支持多尺度、多物理量的地理、物理全要素精准映射，具备宏观—中观—微观全场景展示，通过利用物联网技术（IOT）、地理信息系统技术

(GIS)、智能建筑模型技术（BIM）等，汇聚多源异构数据，包含以地理矢量数据、模型数据、BIM 数据等为主的基础数据，以及企业各业务涉及的专题数据，形成可复用的、庞大的数据资产库，同时集成多学科、多物理量、多尺度、多概率的仿真，实现在虚拟空间中的完全映射，多尺度、分层次地在数字空间呈现实体逼真展示，包括建筑物、交通道路、植被、水系、企业设施设备、部件、管线等全要素静态地理实体，以及人、车辆、终端、各类组织等企业动态变化的主体，实现全场景物理级还原展示。平台将影像、地形、地名、模型业务数据等数据统一到三维地理空间时空框架中，从数据、数据管理、数据可视化、空间分析等方面实现了三维可视化，基于影视级引擎超强的三维渲染核心，能够快速完成数据加载、渲染、浏览等功能，实现高效三维下的无缝融合切换以及在不同模式下的坐标系统数据同步、相机同步、操作同步、标绘同步、符号同步等；以三维立体空间呈现、最大限度地保留场景的真实性，全面展示 360°球形范围内的所有景致，实现宏观—中观—微观全场景展示，尤其在精细化场景中将现实世界逼真还原，可超精细还原真实世界场景纹理细节，实现照片级细节显示精度，同时具备高逼真渲染，可很好地表现物理世界中的声光电等效果，精细化地还原现实世界，达到虚实交互相生的三维可视化效果，实现影视级实时渲染效果。

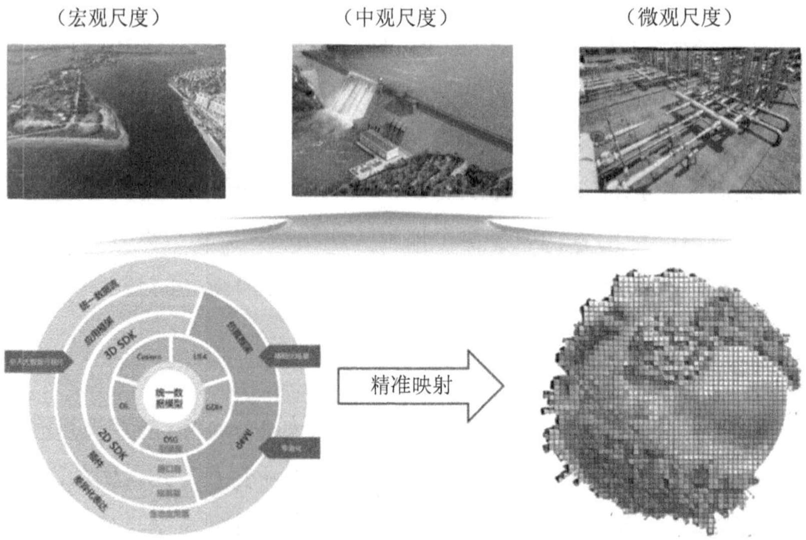

图 48　虚拟仿真尺度和映射场景

数字孪生生态环境的建设，主要是基于精细化基础地理信息数据，以三维自然地理实体搭建城市底座，采用全域高精度数字高程模型（DEM）反映地势起伏变化，利用基础建筑模型，搭建真实的污染扩散场景。梳理化工园区、企业、运输车船等存在污染应急事件的污染源点位、区域矢量、污染物种类、潜在污染事件、污染物危害及适用相关标准等作为重点分析研究对象，将居民生活区、学校、商场、医院等敏感区划分成矢量数据，作为重点分析对象。结合物联感知掌握生态环境的现状，作为数字孪生生态环境的动态感知层，利用气象智能化网格模型、污染扩散模型等模拟生态环境的变化趋势，模拟分析数字孪生生态环境的未来变化。

图 49 数字孪生场景

在 VR（虚拟现实）技术构建的沉浸式数字空间中，城市环境规划的蓝图以高度逼真的三维立体形态直观呈现，借助高精度建模与实时渲染技术，将城市整体布局、建筑群落分布、交通路网规划、生态景观设计等细节完整复刻至虚拟场景内。用户通过佩戴 VR 头显设备及交互手柄，可自由穿梭于虚拟城市的街道、楼宇、公园等空间节点，以第一视角沉浸式体验规划方案的实际效果。这种交互式体验突破了传统二维图纸或静态模型的局限性——人们不仅能从宏观层面鸟瞰城市整体风貌，观察建筑群与自然环境的协调性，还能深入微观场景，如驻足某条规划道路查看车道宽度是否合理，走进虚拟建筑内部感受空间布局的舒适性，或在虚拟公园中模拟不同季节的植被景观效果。

在沉浸式体验过程中，用户可通过手势操作、语音指令或控制器对虚拟场景进行实时调整，如临时增减建筑楼层、变换道路走向、修改绿化植被种类等，系统会同步生成调整后的场景效果，便于即时对比不同方案的优劣。这种动态交互特性使隐藏在传统规划流程中的问题得以显性化：可能是某条主干道与周边建筑间距过窄导致的视觉压迫感，或是地铁站出口与公交站点接驳路线设计不合理引发的通勤效率问题，抑或高层建筑布局对周边社区日照时长的遮挡影响。通过 VR 场景的沉浸式检验，这些潜在问题能够被规划团队、市民代表等多元主体更直观地识别与感知，避免了传统评审流程中因空间想象力差异导致的判断偏差。

发现问题后，VR 系统支持实时标注与数据采集功能，用户可对问题区域进行标记并附加文字说明，系统自动生成包含坐标、类型、影响程度等信息的问题清单，直接对接城市规划管理平台。规划团队基于这些反馈数据，可在虚拟环境中快速进行方案修正与模拟验证，如重新优化建筑密度、调整交通流线、增加公共服务设施点位等，直至虚拟场景中的各项指标满足功能需求与美学标准。这种“发现问题—模拟修正—验证优化”的闭环工作模式，将传统规划流程中需要多次实地调研、反复图纸修改的烦琐环节转化为虚拟空间内的高效迭代，大幅提升了城市规划的科学性与精准度，同时通过技术赋能实现了公众参与度的实质性提升，让城市环境规划真正成为基于现实需求与未来愿景的动态优化过程。

图 50　坐标标记

通过增强现实技术的引入，现场工作人员佩戴设备抵达现场，设备基于地理位置或者图像识别技术完成签到，签到后系统按照巡检规范，指引现场工作人员到达对应设备前完成各设备运行数据的采集，采集完成后系统自动判别设备现阶段运行的状态，一旦发现问题，系统会自动告警，提示现场工作人员进行处理，遇到自身无法判断的问题，可直接交由系统进行智能化判别，确认系统运行状态，从而有效提升了巡检的效率，同时通过智能化、流程化的巡检指引，促使现场工作人员按照流程工作，促使其养成良好的工作习惯。

5.6.1 技术融合创新场景

5.6.1.1 大模型驱动的智能决策

将大语言模型（如 GPT-4）嵌入虚拟仿真平台，实现“自然语言指令—虚拟场景响应”的智能交互。例如，用户输入“模拟 2030 年前碳达峰目标下的城市能源结构”，系统自动调用能源消耗数据库、碳排放模型，生成包含光伏覆盖率、电动汽车渗透率、工业碳捕集设施布局的虚拟城市，并通过图表展示碳排放量下降曲线。大模型还可分析历史应急事件报告，自动生成《污染事故处置预案库》，当虚拟仿真中触发泄漏事件时，系统同步推荐处置流程与资源调配方案，降低人工决策负荷。

5.6.1.2 区块链赋能的数据可信体系

在多源数据汇聚环节引入区块链技术，对地理矢量数据、监测传感器数据进行哈希值上链存证，确保数据溯源性与防篡改。例如，化工园区的污染物排放数据经 IoT 设备采集后，通过边缘节点实时加密上传至联盟链，虚拟仿真平台调用数据时自动验证完整性，为环境监管提供可信数据源。在跨部门协作场景中，区块链实现“数据可用不可见”，如交通部门与生态环境部门共享道路扬尘数据时，通过智能合约限制数据使用范围，保护敏感信息。

5.6.1.3 混合现实（MR）的虚实交互升级

结合 VR 的沉浸式与 AR 的实景叠加能力，打造混合现实巡检系统。例如，电厂工人佩戴 Microsoft HoloLens 2 眼镜巡视设备时，视野中自动浮现设备三维模型与实时运行参数（如温度、压力），通过手势操作即可调取历史故障记录；发现管道泄漏疑似点时，眼镜启动热成像模式，在真实场景中叠加温度异常区域的红色警示图层，同时触发数字孪生平台的泄漏扩散模拟，同步计算影响范围与处置优先级。

5.6.2 用户体验与操作优化

5.6.2.1 多用户协同虚拟环境

搭建支持 100 人以上同时在线的虚拟协作空间，不同角色（如规划师、工程师、市民代表）以数字分身进入同一虚拟城市模型。例如，在城市更新项目中，设计师通过手柄绘制道路改造方案，实时同步至其他参与者的视野；市民代表可“走进”虚拟社区，直观反馈对公共绿地布局的意见，方案调整过程全程记录并生成《交互决策日志》，提升公众参与的深度与透明度。

5.6.2.2 多模态交互与感官增强

除手柄、语音指令外，引入脑机接口（如 Meta 的 Emu Latex）与触觉反馈，实现“意念操控+物理触感”的沉浸式体验。例如，在虚拟消防演练中，用户通过脑电波聚焦起火点，用触觉衣同步模拟热浪灼伤感；操控虚拟灭火器时，手柄振动反馈喷射力度，提升训练的真实感与记忆留存率。

5.6.3 数据安全与合规体系

5.6.3.1 分级分类防护机制

对地理信息数据实施分级管理：涉密的军事禁区、油气管道数据采用私有化部署，禁止公网访问；公开的气象、交通数据通过 API 网关限制调用频率与用途。建立数据脱敏引擎，对涉及个人隐私的居住地址、健康数据进行模糊化处理，如将居民楼坐标偏移 50 m 显示，同时保留统计分析价值。

5.6.3.2 动态权限管理

通过 RBAC（角色基于权限控制）与 ABAC（属性基于权限控制）混合模型，实现“场景化权限分配”。例如，应急指挥场景中，消防部门获得建筑物内部结构的实时访问权限，而生态环境部门仅能查看污染扩散相关图层；普通市民用户可浏览虚拟城市全景，但无法获取企业排放具体数值。

参考文献

[1] 袁康，王俊萍，边琦. 虚拟仿真技术研究中的探索空间与伦理界限[J]. 中国信息技术教育，2023(14)：89-91.

[2] 李娜，迟艳杰. 虚拟仿真技术赋能学前教育专业实践教学改革的路径研究[J]. 呼伦贝尔学院学报，2024，32（6）：143-148.

[3] 杨冬梅. 计算机图形学中的虚拟现实技术及其应用研究[J]. 中国新通信，2024，26（19）：75-77.

[4] 王涛涛，张蓓，陈慧华，等. HYDRUS 及其耦合模型研究与应用进展[J]. 水文地质工程地质，2025，52（2）：72-84.

[5] 龚禾林，陈长，李庆，等. 基于物理指引和数据增强的反应堆物理运行数字孪生研究[J]. 核动力工程，2021，42（S2）：48-53.

[6] 张量，金益，刘媛霞，等. 虚拟现实（VR）技术与发展研究综述[J]. 信息与电脑（理论版），2019，31（17）：126-128.

6 生态环境领域智慧决策技术

6.1 技术简介

智慧决策技术是指通过整合多源数据，融合人工智能、大数据分析等技术，模拟人类决策过程并优化决策方案的综合性技术体系。在生态环境领域，其核心是通过系统化的技术框架，将环境监测数据、专家经验、政策法规等多元信息转化为可量化的决策依据，实现从“经验判断”到“数据驱动”的决策升级[1]。

智慧决策技术以“问题识别—数据整合—模型分析—方案生成—效果评估”为闭环流程，覆盖生态环境管理的全链条。在问题识别阶段，通过传感器网络与卫星遥感实时捕捉环境异常（如 $PM_{2.5}$ 浓度突升、水体富营养化）[2]。在数据整合阶段，依托分布式存储技术汇聚监测数据、企业排污数据、气象数据等多源信息（如全国 1.2 万个空气质量监测站数据）；在模型分析阶段，利用专家系统、机器学习等工具解析数据关联（如污染源与污染浓度的响应关系）；在方案生成阶段，结合指标体系与大模型输出最优策略（如工业减排方案、生态修复路径）；在效果评估阶段，通过情景模拟预判方案实施后的环境效益（如减排措施对空气质量的改善幅度）。

智慧决策技术的应用贯穿生态环境管理的各类场景，从日常的空气质量预报、流域水质调控，到突发环境事件的应急处置（如化学品泄漏扩散预警），再到长期的碳达峰碳中和规划，均需其提供科学支撑。例如，生态环境部《生态环境智慧监管行动计划（2022—2025 年）》明确提出，通过智慧决策技术构建“空天地一体化”的监管体系，截至 2024 年，该技术已在京津冀大气污染协同治理、长江流域生态保护等国家重大工程中实现规模化应用。

6.2 技术发展

智慧决策技术的发展伴随数据获取能力与计算技术的进步，可划分为 4 个关键阶段，各阶段均以具体技术突破和实际应用为标志。

1980—2000 年，专家系统主导的萌芽期。此阶段受限于数据量与计算能力，决策技术以“专家经验数字化”为核心。1985 年，美国国家环境保护局（EPA）开发的 HASP（Hydrological Simulation Program-Fortran）系统，首次将水文专家的经验规则转化为计算机算法，用于流域水污染模拟，支持简单的污染控制方案比选。1996 年，中国环境科学研究院研发的“大气污染防治专家系统”，整合国内 50 余名大气专家的经验，可针对 SO_2 超标问题推荐脱硫工艺，虽精度有限（方案匹配准确率约 60%），但开启了国内环境智慧决策的先河。

2001—2010 年，大数据技术驱动的成长期。随着环境监测网络的完善（如我国 2005 年建成首批 113 个国家空气自动监测站），决策技术进入“数据整合+统计分析”阶段。2008 年，欧盟“哥白尼计划”启动，通过整合卫星遥感与地面监测数据，构建了泛欧环境决策支持系统，可实现跨国界的 PM_{10} 浓度预测，预测准确率提升至 75%。2010 年，中国环境监测总站上线“全国地表水水质自动监测系统”，通过关联 3 000 余个监测断面数据与污染源排放清单，实现了水质超标原因的自动化分析，较传统人工排查效率提升 3 倍。

2011—2020 年，人工智能融合的跃升期。机器学习、深度学习技术的普及推动决策精度大幅提升。2015 年，谷歌 DeepMind 与英国气象局合作，利用神经网络优化气候模型，将极端降水预测误差降低 20%。2018 年，中国科学院研发的“基于 LSTM 的 $PM_{2.5}$ 预测模型”，整合气象数据与排放清单，实现了 72 h 滚动预报，准确率达 82%，应用于京津冀地区的重污染应急响应。同期，“专家决策+AI”的融合模式成熟，如 2019 年生态环境部推出的“排污许可智能审批系统”，通过自然语言处理解析企业申报文本，结合专家规则库自动判定合规性，审批效率提升 60%。

2021 年至今，大模型引领的智能化阶段。千亿级参数大模型实现跨模态数据处理与复杂决策。2022 年，华为云“盘古气象大模型”将台风路径预测误差缩小至 50 km 以内，提前预报时效提升 2 天，应用于 2023 年台风“杜苏芮”的应急响应。2024 年，北京市“蓝天大模型”整合 3 000 余个监测站与 200 万路交通摄像头数据，实现 VOCs 污染源的分钟级溯源，在当年 11 月重污染过程中精准定位污染源，执法效率提升 40%。同年，生态环境部发布的《数字技术助力美丽中国建设典型案例集》显示，大模型决策已在全国 23 个省份的生态修复、碳核算等场景落地，平均决策周期缩短至传统方法的 1/5。

6.3 智慧决策模型

6.3.1 专家决策

专家决策系统通常是指基于专家知识和经验建立的人工智能系统，它能模拟人类专家在特定领域的决策过程[3]。其主要技术组成如下。

6.3.1.1 知识库构建

集中整合生态环境领域的多元化信息资源，包括气候、水文、土壤、生物多样性、生态脆弱区、污染源分布、环境影响评估报告等内容，使分散的知识得以聚合。将原本零散、异构的知识内容按照一定的结构和标准进行规范化处理，如定义环境指标体系、污染控制技术参数、生态保护措施等，便于后续的数据检索和分析。集成环境科学、生态学等领域专家的经验知识和研究成果，形成可供计算机使用的知识库。例如，收集不同地区关于水污染治理的成功案例和技术参数，将其标准化后存入知识库，以便在面对类似水污染问题时能够快速调用和参考。

6.3.1.2 推理引擎

基于专家知识库，利用规则推理、模糊逻辑、因果关系分析等方法，模拟专家对环境问题的诊断和处理过程。利用环境监测数据和预设的环境质量变化规则，对当前的环境状况进行智能诊断，识别可能存在的环境污染问题及其成因。同时，结合历史数据和模型预测未来环境状态，如空气质量预报、水质变化趋势预测等。例如，推理引擎可以根据实时监测到的空气质量数据，如 $PM_{2.5}$、PM_{10}、二氧化硫等污染物浓度的变化，结合气象条件和地理信息，分析污染物的来源和扩散趋势，并预测未来几天的空气质量状况。在面对如生态修复、污染物减排、环境风险评估等问题时，推理引擎可根据内置的专家经验、法规标准和最佳实践规则，实时计算出最优解决方案，帮助决策者选择最具经济效益和环境效益的策略。例如，在处理工业废水排放问题时，推理引擎可以根据废水的成分、排放量、受纳水体的环境容量等信息，结合相关环保法规和污染治理技术的适用条件，推荐最合适的废水处理工艺和排放控制方案。

6.3.1.3 决策支持

提供决策建议，针对具体环境问题给出可能的解决方案及其预期效果，为环境管理者和政策制定者提供科学、定量、可视化的决策依据。例如，对于城市垃圾处理问题，决策支持系统可以提供多种解决方案，包括垃圾填埋、焚烧发电、垃圾分类回收利用等，并分别分析每种方案的环境影响、经济效益、社会可行性等方面的预期效果。对不同的政策、技术和管理措施进行情景模拟和比较分析，帮助决策者权衡利弊得失，制定和优选既能满足环境保护目标又能兼顾社会经济发展要求的战略和行动计划。例如，模拟在不同节能减排政策下，地区的能源消费结构、碳排放量、经济增长速度等指标的变化情况，为制定适合本地区的碳达峰、碳中和行动方案提供决策支持[4]。

6.3.1.4 在线咨询与学习

允许系统随着新的环境数据输入和专家反馈不断学习和优化，提升决策的有效性和适应性。例如，当新的环境监测技术和标准出台后，系统可以自动更新知识库中的相关内容，并对推理引擎的规则进行调整和优化，以适应新的环境管理要求。提供即时、专业的生态环境知识交流与学习服务，也为环境管理决策提供远程咨询和协作支持。例如，建立线上生态环境保护专家咨询平台，用户可以通过平台向专家咨询环境问题，专家可以在线解答，并将咨询过程和解决方案记录在系统中，供其他用户参考和学习。

6.3.2 指标体系决策

指标体系决策是在明确战略目标的基础上，构建一套全面反映组织运营状况、绩效评价和未来发展潜力的量化指标集合。其体系内容如下。

6.3.2.1 目标设定

确定组织或项目的长期和短期目标，这些目标被分解成一系列具体的衡量指标。根据不同层级和类型的生态环境目标，构建全面、科学、可行的生态环境指标体系，包括但不限于环境质量指标、生态系统健康指标、资源利用效率指标、环境风险防控指标等，为评估和决策提供量化依据。例如，对于一个城市的大气污染防治目标，可以将其分解为年度空气质量优良天数比例、细颗粒物（$PM_{2.5}$）年均浓度下降幅度、二氧化硫排放总量削减比例等具体衡量指标。通过实时监测、数据分析和专家评估，不断完善和优化目标体系，确保目标既具有前瞻性又切实可行。例如，根据城市经济社会发展和能源结构调整的实际情况，每年对大气污染防治目标进行评估和调整，确保目标与城市发展阶段相适应，并具有一定的挑战性和可操作性。

6.3.2.2 数据采集与标准化

设计并实施数据采集系统，保证数据质量，并将不同来源、形式的数据统一为可对比的标准格式。设计并搭建多元化的数据采集系统，包括部署各种环境监测站点，利用遥感卫星、无人机等先进技术进行大面积、高精度的数据采集。例如，在监测森林资源时，利用遥感卫星获取大面积的森林覆盖图像，通过图像处理技术提取森林面积、植被指数等信息；同时，利用无人机对重点区域进行精细化巡查，获取森林健康状况、病虫害发生情况等详细数据[5]。制订数据采集计划和规程，确保数据采集的连续性、完整性和代表性。例如，规定每个环境监测站点的数据采集频率、采集时间和采集方法，确保数据能够准确反映环境质量的变化趋势。整合政府部门、科研机构、企业单位、公众参与等多方提供的生态环境数据，建立严格的数据质量控制体系，包括数据的完整性检查、一致性检验、异常值识别与处理、数据准确性验证等，确保数据的真实性和可靠性。例如，对政府部门提供的污染源普查数据和企业单位自行监测数据进行交叉比对，检查数据的一致性和合理性；对公众参与提供的环境问题线索数据进行实地核查，验证数据的准确性。定期对监测设备进行校准维护，对数据采集过程进行监督和审计，以保证数据采集的规范性和准确性。例如，每年对环境监测站点的仪器设备进行校准和维护，确保监测数据的精度和可靠性；定期对数据采集人员进行培训和考核，提高数据采集的规范性和质量意识。将不同来源、不同格式的数据进行统一转换和整合，遵循国际或国家标准（如 ISO、GB 等）对环境监测数据进行标准化处理。例如，将不同监测设备采集的空气质量数据统一转换为符合国家标准的浓度单位和数据格式；将不同地区、不同部门提供的水环境监测数据按照统一的编码规则和分类标准进行整合，便于数据共享和分析。设计通用的数据交换格式和接口，确保不同系统间数据的互联互通，便于数据共享和分析。例如，建立生态环境数据共享平台，采用统一的数据交换格式和接口标准，实现生态环境部门、水利部门、自然资源部门等多部门数据的无缝对接和共享交换。详细记录每一份数据的采集时间、地点、方法、设备、原始数据值、处理过程等信息，形成完整的元数据系统，确保数据的可追溯性和可解释性。例如，在环境监测数据的记录中，不仅记录监测结果，还详细记录监测点位的经纬度坐标、监测时间、监测方法、使用的监测仪器型号、仪器校准情况、数据处理软件及算法等元数据信息，以便在数据使用过程中能够追溯数据的来源和处理过程，确保数据的可信度和可用性。通过标准化的数据处理，确保不同时间段、不同地域、不同类型的生态环境数据可以进行有效对比和深入分析，为生态环境状况评估、环境问题诊断、环保政策制定和环境管理决策提供强有力的数据支撑。例如，通过对标准化处理后的历年环境监测数据进行时空分析，可以清晰地了解某一地区生态环境质量的变化趋势，识别环境污染的高发区域和重点时段，为精准治污和环境管理决策提供科学依据。

6.3.2.3 权重分配与综合评价

对各个指标赋予合适的权重，通过加权平均或其他组合模型进行综合评估。根据生态环境保护的实际需求和科学原理，构建包含生态环境质量、生态系统服务功能、自然资源利用效率、环境风险防控等在内的综合性指标体系。对各个指标的重要性进行量化评估，根据不同指标对生态环境保护目标贡献程度的不同，为其赋予合适的权重。例如，在评估一个生态脆弱区的生态环境状况时，可能对土壤侵蚀强度、植被覆盖度、生物多样性等指标赋予较高的权重，而对于人文景观、旅游资源等指标赋予相对较低的权重，以突出生态脆弱区的主要生态问题和保护重点。权重的确定需要结合专家打分法、层次分析法（AHP）、熵权法、主成分分析法等多种科学方法，确保权重分配的合理性与公正性。例如，组织生态环境领域的专家对各项指标的重要性进行打分，通过层次分析法计算各指标的权重；同时，利用熵权法对指标的客观权重进行计算，并将两种方法计算出的权重进行综合，最终确定各项指标的权重，以提高权重分配的科学性和可靠性。权重分配考虑不同地区的生态环境特点、发展阶段以及社会发展需求等因素，做到因地制宜，动态调整。例如，在经济发达地区，可能对资源利用效率、环境风险防控等指标赋予较高的权重，以推动这些地区向绿色低碳、高质量发展方向转型；而在生态功能区或贫困地区，可能更注重生态环境质量、生态系统服务功能等指标的权重，以保障这些地区的生态安全和可持续发展。采用加权平均法、模糊综合评价法、灰色关联分析法、逼近理想解排序法（TOPSIS 法）等多元评价模型，将各个指标经过权重调整后的得分进行组合运算，形成综合评价指数或等级。例如，运用模糊综合评价法对城市的生态环境质量进行评价，将各项环境质量指标的得分乘以相应的权重后，通过模糊运算得到城市的生态环境质量综合评价结果，分为优、良、中、差等不同等级；利用 TOPSIS 法对不同地区的生态系统服务功能进行综合评价，通过计算各地区与理想解和负理想解的距离，确定各地区的综合评价排名，为生态环境保护的决策和管理工作提供客观、公正、全面的评价工具。

6.3.2.4 决策支持

基于指标分析结果进行决策优化，找出改进点和关键控制点。对生态环境质量、污染负荷、生态服务功能、资源利用效率等各项指标进行深度分析，揭示生态环境状况的趋势、特点和存在的问题。例如，通过对某流域的水质监测指标进行分析，发现近年来流域内氨氮、总磷等污染物浓度呈上升趋势，通过进一步分析污染源解析指标，确定主要污染来源为农业面源污染和生活污水排放，从而为制定流域水污染防治策略提供有针对性的依据。结合指标分析结果，运用多目标决策、风险评估、情景模拟等方法，优化各类环保决策，如确定最有效的污染削减策略、最优的生态保护投资方向、最适宜的资源利用方案等。例如，在制定大气污染防治措施时，综合考虑污染物减排成本、环境效益、社会影响等多目标因素，通过情景模拟分析不同减排方案下空气质量改善情况、企业经济成本、公众健康收益等指标的变化，选择最优的大气污染防治策略。根据指标评估结果，明确指出生态环境保护工作的薄弱环节和不足之处，在整个生态环境保护链条中，识别那些对全局生态环境质量起决定性作用的关键节点，如重点污染源、关键生态廊道、敏感生态区域等，将其作为管理与调控的重点对象，为决策者提供针对性强、可行性高的改进措施和建议，指导制定更加精准、高效的生态环境保护政策和实施方案。例如，通过对生态环境指标体系的综合评估，发现某地区的生态环境保护工作在工业污染治理方面存在薄弱环节，特别是重点行业的挥发性有机物（VOCs）排放控制不到位，成为影响区域空气质量改善的关键因素。针对这一问题，决策支持系统可以提出加强重点行业 VOCs 排放标准制定、推进污染治理设施建设、开展泄漏检测与修复（LDAR）等工作措施，并建议加大对 VOCs 排放企业的监管力度和处罚力度，以有效控制 VOCs 排放，改善区域空气质量。

6.3.3 大数据分析

大数据分析技术利用大规模数据集来揭示隐藏的模式、关联、市场趋势、用户行为和其他有价值的信息，为决策提供依据。其技术包括以下 6 个方面。

数据采集：从各种内部和外部源实时或批量收集环境类数据，利用自动监测站、物联网传感器网络以及便携式设备等，实时监测大气、水质、土壤、噪声、辐射等各种环境要素的质量数据，通过卫星或航空器搭载的传感器远程获取地球表面的信息，可以大范围、快速监测植被覆盖、土地利用变化、湿地退化、洪涝灾害等数据；利用地理信息系统（GIS）管理和分析空间数据，结合遥感影像进行解译和分析，提供空间分布特征和动态变化情况；利用移动环境监测仪能够实时采集并传输位置相关的环境数据，如机动车辆、船只或无人机携带的监测设备，灵活运用于河流巡检、森林碳汇测量、突发环境污染事故应急响应等领域；从企业源头直接采集污染物排放数据，包括废水、废气、固体废物的产生、处置和排放量，以及其他影响环境的生产活动数据，并经过各级审核确保数据真实有效。整合气象部门、水文站、科研机构、政府部门发布的公开数据，或者购买商业化的数据服务，获取更为广泛的气候、水资源、生态多样性等信息；利用社交媒体、App 等，鼓励公众上传环境问题照片、举报环境污染行为，在形成社会监督力量的同时，也为官方数据采集体系提供补充信息。

数据预处理：清洗数据、消除噪声、填补缺失值、数据转换等，使其适用于分析。去除无效、错误或不完整的数据记录，采用滤波技术（如移动平均滤波、滑动窗口滤波等）减小随机噪声对数据分析结果的影响，对于缺失值，采用插值法（如线性插值、多项式插值、K 近邻插值等）或基于统计学原理（如均值填充、中位数填充、模式填充等）来进行填充，为了适应不同分析方法的要求，需要对原始数据进行转换，通过统计分析和机器学习方法检测数据中的异常现象，并对其原因进行判断和合理处理，确保数据的真实性和分析结果的可靠性。

存储与管理：采用分布式存储、云计算平台等高效存储和管理系统，保障数据安全和访问性能。生态环境监测数据量庞大，分布式存储系统通过将数据分布在多台独立的存储设备上，可以实现对 PB 乃至 EB 级别的数据存储能力，轻松应对海量环境监测信息的存储需求，分布式存储架构具有天然的冗余备份机制，即使部分存储节点出现故障，也能保证数据的完整性，避免数据丢失；云计算平台提供弹性的计算和存储资源，可根据实际需求动态调整，减少资源浪费，提高数据处理效率。

数据分析与挖掘：应用统计分析、机器学习算法（如聚类、分类、回归、关联规则分析等）发现深层次信息，发现环境变化规律、污染源与环境质量之间的内在联系；通过分析过去一段时间内的环境监测数据，识别污染物浓度、气候参数等随时间的变化趋势，预测未来的环境变化；聚类分析将生态环境数据划分成多个类别，发现自然形成的环境区域类型，如空气质量分区、水系污染级别划分等，为环境管理提供精细的空间区分；分类算法用于预测某区域或某个时间段环境质量的好坏、污染级别等，或者识别潜在的污染源类型；回归分析用于探究污染物排放量、工业化程度等因素与环境质量指标之间的定量关系，帮助制定减排策略和环境影响评价；关联规则分析用于发掘不同环境因素之间的关联性，例如某种工业活动与某种污染物排放量的增减是否有明显的关联，或是某些生态指标间的联动效应；通过这些先进的数据分析与挖掘技术，生态环境研究人员和管理者能够从海量的环境数据中提炼出有价值的信息，深入理解环境变化背后的驱动因素，为制定科学、精准的环境保护政策和措施提供有力支持。

预测模型构建：建立环境污染扩散模型、生态系统健康状态预测模型等，为未来的环境变化趋势提供预测；环境污染扩散模型通过模拟污染物在大气、水体或土壤中的迁移、转化和累积过程，预测污染物在空间和时间上的分布情况，以及对环境质量和人体健康的潜在影响；生态系统健康状态预测模型通过结合生物多样性、生态系统结构与功能、生境质量等指标，构建模型预测生态系统在未来受气候变化、人类活动等因素影响下的健康状况变化；气候变化影响评估模型利用全球气候模型结合区域气候模型，预测未来几十年甚至更长时间尺度的气候参数（如温度、降水、风速等）变化，进一步评估这些变化对生态系统、农业生产、水资源、海岸线变迁等方面的影响；环境承载力预测模型利用人口增长、经济发展、资源消耗、污染排放等多维度数据，构建模型预测某一区域或国家的环境承载力，即在保证生态环境良性循环的前提下，所能承受的最大人口规模和社会经济活动强度；疾病传播与环境因素关联模型通过分析环境变化（如气候变化、环境污染等）对病媒生物分布、繁殖和活性的影响，进而预测传染病的时空流行趋势。

可视化呈现：将分析结果以地图、图表等形式直观展现，便于决策者快速理解环境形势和决策依据。利用地理信息系统（GIS）技术，将环境监测数据叠加在地图上，直观显示污染源位置、污染物扩散路径、环境质量的空间差异等信息；利用折线图、柱状图、饼图等形式，展现某一环境指标随时间变化的趋势；利用三维建模和虚拟现实技术，可以创建立体的环境模型，模拟污染物在大气、水体中的扩散过程，或者重现生态系统的演替历程，给决策者带来沉浸式的观察体验。

6.3.4 AI 技术

人工智能在智慧决策中的作用至关重要，它能够自动完成复杂的数据处理和决策过程。主要技术涵盖以下 5 个方面。

机器学习：通过训练模型让系统能够从数据中自动学习规律和模式，进而对未来情况进行预测和决策；使用监督学习算法训练模型来预测未来空气质量、水质、土壤污染状况，利用无监督学习或半监督学习方法检测异常数据模式，预警森林火灾、洪水、干旱等自然灾害，或者通过对生物种群动态变化的预测预警生物入侵或疾病暴发的可能性；通过机器学习技术改进现有的气候模型，使模型能够更精确地模拟全球和区域气候变化趋势，辅助政策制定者应对全球变暖挑战；基于历史土地利用变化数据和环境影响评估，机器学习模型可帮助决策者合理规划城市扩张、农田管理以及生态保护区域设置等。应用机器学习识别物种分布特征及受威胁因素，预测物种灭绝风险，并制定相应的保护策略；通过模式识别技术追踪空气、水体污染源头，结合时空数据分析预测污染扩散趋势，指导污染物减排策略的制定和执行。

深度学习：利用神经网络技术处理高维度、非线性的数据，解决复杂的决策问题；用于遥感影像分析，识别和监测土地利用变化、植被覆盖、水域污染等情况；利用深度学习中的卷积神经网络（CNN）等技术，对遥感影像进行高精度解译和分析，可以自动识别和分类地表覆盖类型；通过深度学习模型识别植被覆盖变化，包括森林健康状况、植被生长状况、植被类型变化等，对森林资源保护、荒漠化防治、碳汇估算等工作提供支持；对水域污染情况进行监测，通过分析卫星或无人机拍摄的遥感图像，探测水体颜色、纹理、浊度等特征，结合其他环境参数，准确判断湖泊、河流等水体是否存在污染以及污染程度。

自然语言处理：理解文本数据，进行情感分析、语义解析，帮助决策者解读大量文本信息，用于分析环境政策、文献资料，提取重要信息，辅助政策研究和制定。自然语言处理技术能够自动抓取和理解环境政策文本的内容，梳理政策目标、措施、时间节点等关键信息，便于决策者快速掌握政策要义，进行政策对比分析和效果评估。通过自然语言处理技术分析社交媒体、网络论坛、新闻评论等公共舆论数据，可以了解公众对环境问题的关注焦点、情绪倾向和诉求，为决策者提供民意参考，及时调整和优化环保政策，快速抽取和整合海量的生态环境科研文献数据，提取关键技术、研究成果、案例分析等内容，为决策者提供前沿科技动态和成功实践经验，辅助制定科学的环境治理策略。

强化学习：在交互式环境中学习最优策略，适合动态决策场景；在复杂的环境治理过程中，通过迭代学习找到最有效的管理和干预策略；在供水系统管理中发挥作用，通过学习和调整水库蓄水、调配和释放的策略，以应对季节性降雨变化、农业灌溉需求、工业用水需求等不确定因素，达到平衡水资源供需、保护生态环境的目的；用来优化排放策略，根据环境条件、经济成本、减排效果等因素，在不同时间段和地区制定最有效的减排方案，以实现空气质量改善或水质保护的目标；帮助确定最佳的植树造林、土壤改良、物种引入等措施的时机和地点，通过迭代试错，逐步找到能最大化生态系统恢复效果的策略；用于探索和优化城市防洪、抗旱、灾后重建等应对策略，确保在不确定的未来气候条件下，社会经济系统能够保持韧性。

智能推荐：根据用户行为、历史记录和个人偏好生成个性化决策建议。分析用户的出行模式、使用公共交通的历史记录及偏好，结合碳排放计算模型，推荐低碳出行方案；根据用户家庭能源消耗的历史数据，推荐适合的节能电器和智能家居解决方案，分析用户购物习惯，推荐环境友好型产品，如可降解的日用品、有机食品或二手交易市场中的物品；根据用户的回收行为记录，提供定制化的垃圾分类和资源回收建议；结合用户过去的户外活动记录和对自然环境的兴趣点，推荐低冲击力的户外休闲项目和生态旅游目的地，提醒用户在享受大自然的同时采取行动减少对环境的影响。

6.3.5 大模型决策

随着深度学习技术的突破，大模型在生态环境决策中的应用进入新阶段，其跨模态数据处理、多领域知识融合和生成式决策能力，成为破解复杂环境问题的关键技术支撑。大模型通过对千亿级参数的深度训练，构建起覆盖环境物理过程、人类活动影响、生态系统响应的复杂关联模型，实现从数据感知到决策生成的全链条智能化升级。

6.3.5.1 大模型技术架构与核心能力

（1）多源异构数据融合引擎

依托生态环境部《生态环境智慧监管行动计划（2022—2025 年）》部署，国家级生态环境大模型构建了“空天地一体化”数据接入体系：

数据源整合：接入全国 1.2 万个空气质量站点（涵盖 $PM_{2.5}$、臭氧等 12 项监测指标）、3 700 余个水质自动监测断面（覆盖溶解氧、总磷等 21 项参数）、200 亿条卫星遥感数据（包括哨兵系列、高分卫星的植被指数、土地利用分类产品），以及无人机巡检、物联网传感器、企业排污许可等 18 类环境数据（数据来源：《中国生态环境状况公报 2024》）。

技术突破：研发跨模态数据对齐算法，解决卫星遥感影像（空间分辨率 10 m～1 km）与地面监测数据（点尺度）的时空匹配难题，通过克里金插值法、机器学习融合模型，将数据一致性提升至 92%以上。例如，“长江大模型”整合长江流域 19 个省（市）的水文数据（流量、水位、含沙量）、气象数据（降水量、气温、风速）、工业排放数据（COD、氨氮排放量）及航运数据（船舶流量、燃油消耗），构建 500 亿参数的流域水动力—水质耦合模型，实现洪涝灾害预警提前 72 h（较传统模型提升 48 h）、水质变化预测准确率提升至 89%（误差率控制在±3%）。

（2）跨领域知识图谱构建

采用自然语言处理技术抽取《中国生态修复技术指南》《环境经济学手册》等 3 000 多篇专业文献，结合 20 万份环境政策文件、10 万份科研报告，构建包含 10 万+实体（如“长三角生态绿色一体化发展示范区”“红树林生态系统”）、50 万+关系（如“工业排放-水质污染”“植被覆盖-碳汇能力”）的生态环境知识图谱。

决策模拟：以碳达峰碳中和决策为例，大模型通过知识图谱关联能源消费结构（煤炭、石油、天然气占比）、工业产值数据（钢铁、化工、电力行业 GDP 贡献）、植被碳汇模型（不同林龄树木固碳速率），构建“政策—经济—环境”多目标优化模型。模拟显示，若 2030 年前钢铁行业氢冶金技术普及率达 30%，可降低 15%碳排放强度，但需新增 8%的生产成本（主要来自绿氢制备与设备改造），为政策制定者平衡减排目标与产业竞争力提供量化依据。

动态更新：建立知识图谱自动更新机制，每周抓取 Web of Science、CNKI 等平台的最新研究成果，通过远程监督学习技术新增实体关系，确保模型知识体系与学术前沿同步，2024 年累计更新生态修复技术、碳捕集与封存等领域知识节点 1.2 万余个。

6.3.5.2 典型应用场景

（1）污染源智能溯源与管控

北京市在大气污染治理中构建“蓝天大模型”，形成“监测数据接入-扩散模型反演-源解析-精准执法”闭环。

数据输入：整合 3 000+空气质量监测站点、200 万路交通摄像头（实时获取车流量、车型分布）、1 200 家重点工业企业的在线监测数据（涵盖 VOCs、氮氧化物等特征污染物排放浓度），以及气象雷达、激光雷达的立体观测数据。

技术路径：采用改进的 CALPUFF 扩散模型与 Transformer 神经网络结合，建立“污染源—受体”响应矩阵，实时计算各排放源对监测点的浓度贡献度。2024 年 11 月重污染过程中，模型识别出通州区某家具制造集群、大兴区物流园区装卸作业为主要 VOCs 来源，指导执法部门实施“错峰生产+末端治理升级”措施，查处效率较传统人工排查提升 40%，相关经验纳入《京津冀及周边地区大气污染防治强化措施（2024）》，推动建立区域统一的源解析模型共享平台。

（2）生态修复智能规划

浙江省“绿水青山大模型”基于全省 1∶1 万高精度生态网格数据（包含地形地貌、土壤类型、植被覆盖度等 18 项基础属性），构建“生态评估—方案生成—效益预测”一体化系统。

技术模块：

生态评估模块：通过 NDVI、栖息地质量指数、水土流失模数等 27 项指标，量化县域生态脆弱区分布（如浙南山区的林地退化区、杭嘉湖平原的湿地萎缩区）。

方案生成模块：集成 CLM 植被生长模型、SWAT 水文模型和投入产出模型，针对不同生态问题自动生成候选方案（如针对水土流失区推荐“封禁治理+经济林种植”，针对湿地退化区推荐“退耕还湿+生态补水”）。

效益预测模块：模拟方案实施后 10 年内的生态效益（如碳储量增加量、生物多样性指数变化）和经济效益（如生态旅游收入、农产品附加值提升）。

实践案例：在千岛湖流域试点中，模型分析发现农业面源污染占总氮输入的 45%，湖滨带植被缓冲带缺失导致 70%的地表径流直接入湖。据此生成的“湖滨带植被优化（种植芦苇、茭白等耐湿植物 200 hm^2）+农田生态沟渠建设（新建生态拦截沟渠 50 km）”组合方案，经过 3 年实施后，流域氮、磷入湖量分别减少 22%、19%，生态修复成本较人工设计方案降低 18%，相关成果入选生态环境部《数字技术助力美丽中国建设典型案例集(2024)》。

（3）气候变化应对决策支持

中国气象局联合华为云开发的“气候大模型”，构建从全球气候系统到区域影响的多层级预测体系。

模型架构：底层接入 ERA5 全球再分析数据（分辨率 0.25°×0.25°，涵盖 1979 年至今的气温、降水、海温等要素）、CMIP6 气候模式输出（20+个全球气候模型的未来情景模拟数据），中层融合碳循环模型（VEGAS）、陆面过程模型（Noah-MP），顶层开发极端天气事件（台风、暴雨、高温热浪）预测模块。

应用成效：2024 年第 14 号台风“摩羯”预报中，模型通过分析 500 hPa 高度场、水汽通量等 120 项气象要素，结合南海海温异常数据，提前 5 天准确预测台风登陆点（误差≤50 km），较传统数值模式提升 2 天预测时效，为福建、广东等地提前转移群众 120 万人次，减少经济损失超 20 亿元。模型输出的未来 30 年极端降水事件频率变化数据（如长三角地区暴雨日数将增加 15%～20%），已纳入《国家适应气候变化战略 2035》的城市排水系统规划、防洪设施建设等专项行动。

6.3.5.3 技术优势与实施路径

（1）决策效能提升

大模型依托分布式并行计算架构（如华为昇腾集群、百度飞桨平台），实现环境数据处理能力质的飞跃。

算力支撑：单个训练任务可调度 1000+GPU/TPU 算力，秒级处理 TB 级数据（如处理全国一天的卫星遥感数据仅需 15 min），决策效率较传统模型（基于单一数据源的统计模型）提升 50 倍以上。

风险预警：生态环境部“环境风险预警大模型”实时扫描全国 12 万家危险废物企业的产废数据（产生量、利用处置量）、运输轨迹（GPS 定位数据）、贮存设施监控视频，通过时空异常检测算法（结合 LSTM 神经网络与注意力机制），自动识别 27 类异常模式（如夜间高频运输、跨区域转移路径偏离）。2024 年成功预警 13 起跨省危险废物非法转移事件，平均响应时间从传统人工核查的 48 h 缩短至 3 h，涉案危险废物拦截率达 92%。

（2）政企协同创新

深圳率先建立“生态环境大模型开放平台”，构建“政府搭台—企业唱戏—行业赋能”的生态体系。

平台架构：底层接入华为云盘古大模型、腾讯云智能钛等企业级算力平台，中层提供水质预测（精度达 90%）、碳足迹核算（误差≤5%）、噪声污染溯源等 12 个基础模型接口，上层支持行业用户自定义开发（如设置化工园区环境风险评估模型的阈值参数）。

产业赋能：平台上线半年，已吸引 237 家环保企业、56 所高校入驻，孵化出 57 个行业专用模型。例如，某新能源汽车企业调用“电池回收环境影响评估模型”，对锂电池生产流程中的正极材料制备、电解液使用、废水处理等环节进行碳足迹测算，通过优化溶剂回收工艺（回收率从 85%提升至 92%），使单电池生产环节碳排放降低 19%，相关技术方案被纳入《深圳市新能源产业绿色制造标准》。

（3）标准化建设进展

全国信息技术标准化技术委员会（SAC/TC28）牵头制定《生态环境大模型技术规范》，构建“数据—模型—应用”全链条标准体系。

关键指标：明确数据输入需包含元数据描述（数据来源、采集时间、质量等级），模型训练需采用不少于 3 年的历史数据，决策可靠性评估需包含误差率（长期预测误差≤15%）、特征归因解释度（≥70%）、不确定性量化（提供 95%置信区间）等 18 项指标。

实施路径：2024 年发布的征求意见稿中，要求生态环境大模型需通过第三方机构的技术测评（如中国电子技术标准化研究院的模型性能测试），方可在政府决策场景应用。该标准实施后，将有效解决模型互操作性问题（如不同地区的大模型可共享污染扩散系数、生态参数等基础数据），推动形成“统一标准、分级应用”的全国生态环境大模型网络。

6.3.6 模拟器技术

模拟器（emulator）作为现代计算设备的一个重要组成部分，主要用于电脑游戏、智能手机等的运行。它具有翻译、渲染、加速等作用，使游戏感应用程序在不同平台上都可以获得良好的表现和效果。因此，模拟器成为一种很有影响力的软件技术。随着电子科技的飞速发展，电气、自动化、物流、通信、生态系统、交通、金融等各行各业都将模拟器技术引入各自的应用领域，模拟器逐渐成为生活中的必备工具。最近，随着智能汽车、智慧城市等新型应用的出现，模拟器技术也越来越受到关注。但是，模拟器技术还处于较初级的阶段。如何在环保领域更好地应用模拟器技术，更好地保护环境，保障人们的生命健康，是当前研究的热点。

以减污降碳模拟器为例，在全球气候变化加剧与环境污染治理需求日益紧迫的双重挑战下，“减污降碳协同”已成为实现绿色低碳转型的核心路径[6]。这一协同策略强调通过统筹技术手段和政策工具，在污染物治理过程中同时实现碳减排，从而达到环境质量改善与气候目标实现的双重效益。在这一背景下，减污降碳协同模拟器技术应运而生，成为支撑科学决策与精准管理的关键工具[7]。

目前，我国固体废物历史堆存总量高达 600 亿～700 亿 t，年增量为 100 亿 t，固体废物产生量居世界首位。2011—2021 年我国大宗工业固体废物年产生量为 34.26 亿～40.38 亿 t，综合利用率仅为 42.16%～57.65%。因此，大宗固体废物综合治理是减污降碳协同过程中最为重要的一环。而大宗固体废物治理的痛点在于污染风险高、碳排放量大、资源化率低。

在 2022 年生态环境部、国家发展改革委、工业和信息化部等 7 部门印发的《减污降碳协同增效实施方案》中，针对大宗固体废物，尤其是矿山的大宗固体废物：明确要求矿山修复需兼顾生态恢复与低碳转型，解决减污与降碳的割裂现状。同时，我国“双碳”目标也对工业减排有刚性约束，进一步限制了大宗固体废物资源化利用时的碳排放量。

减污降碳协同的迫切性特别体现在矿山方面，以黄河流域为例，作为我国能源资源富集区，黄河流域矿山开发活动密集，但长期粗放式开采导致生态环境问题与碳排放压力交织叠加，形成了独特的“污染—碳排”复合型困境。此外，尾矿是产生量最大的大宗工业固体废物，2021 年我国尾矿产生量为 14.19 亿 t，综合利用率仅为 35.27%。因具有产生量大、总体利用率低、运输/处理能耗高等特点，固体废物重金属渗漏、扬尘、产生酸水、非法转移倾倒、处置设施选址难等问题突出。与人民日益增长的对优美生态环境的需要还有较大差距，迫切需要依托减污降碳协同模拟器技术展开以大宗固体废物为主的减污降碳协同工作。

目前，我们把减污降碳协同模拟器定位成一种集成环境污染物与温室气体协同控制机制的数字决策工具。减污降碳协同机制的内核有以下两点：一是污染治理过程隐含碳足迹溯源；二是碳减排措施用于二次污染风险防控。因此，减污降碳协同模拟器技术原理有以下三点。一是多源异构数据融合，需要遥感+物联网+地质数据库为主的多源异构数据融合，形成完整的监测闭环；二是构建多要素耦合的系统模型，通过量化污染治理过程中的碳排放影响和环境效应，实现减污与降碳的协同优化；三是要实现决策支持创新：动态模拟“治理路径—环境效益—碳足迹”响应关系和可视化输出最优技术组合方案。最终实现“污染治理—碳减排—资源再生”三重协同（图 51）。

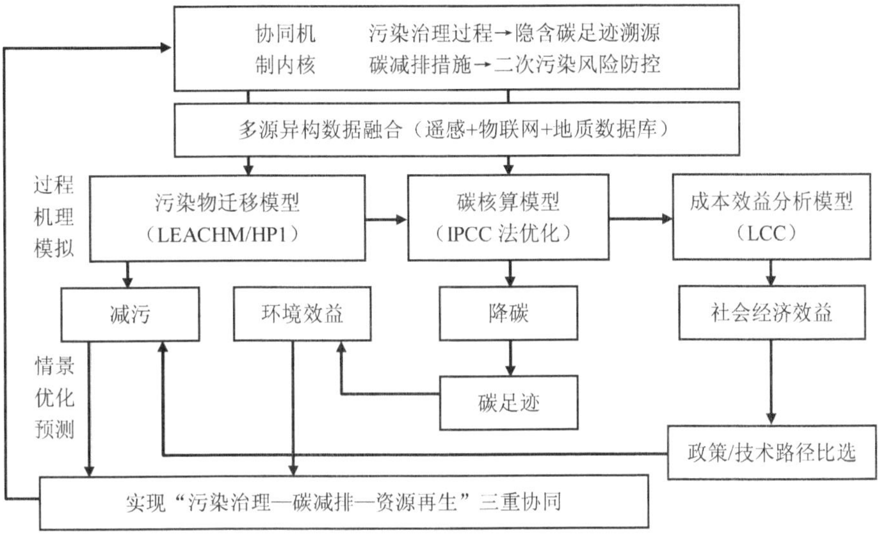

图 51　减污降碳协同模拟器技术体系

减污降碳协同模拟器在技术体系上有四大技术的支撑，包括系统动力学模拟、机理过程模拟、数字孪生技术、多情景预测分析等技术。

其中，系统动力学模拟主要用于解释多因素反馈机制，如减污降碳协同分析。可用于市政污泥协同处理的机理过程模拟，不仅可精准指导工艺参数调整，还能对污水处理工艺中的能耗/药耗节约方案进行模拟优化。数字孪生技术主要用于降低物理原型成本，对于历史遗留矿山的治理改造方案的模拟，具有较为重大的用途。多情景预测分析，用于支持政策情景比选，特别是对于污染物-CO_2 协同减排率，能够在交通运输系统优化中显著降低固体废物运输产生的二氧化碳排放量。

图 52　减污降碳协同模拟器四大技术

减污降碳协同模拟器是以数据融合为基础，以模型计算为核心、决策输出为目标，支持从微观工艺到宏观战略的多尺度应用。从下向上看（图 53），数据层：整合天空地多源数据，包括卫星遥感碳监测、固体废物产生企业在线申报、重点污染源自动监控、物流运输 GPS 轨迹等。实现日均百万级至千万级数据点的实时接入与预处理。针对矿山场景的特殊性，需补充地质雷达数据、无人机多光谱影像及地下水位动态监测数据。模型层：构建多维度计算引擎，包含过程机理模型：如污水处理领域的 ASMI/ASM2d、生物处理模拟的 BioWin、水文地球化学模拟的 TOUGHREACT、饱和－非饱和水流模拟的 HYDRUS、溶质运移模拟的 LEACHM、大气扩散模拟的 CALMET/CALPUFF 等；系统优化模型：如多目标线性规划、混合整数规划、系统动力学、生命周期优化等；环境效益模型：如地下水流模拟的 MODFLOW、大气质量模拟的 AERMOD、水质模拟的 WASP、农田碳氮循环模拟的 DNDC、污染场地修复模拟的 RECOVERY、生态系统服务评估的 InVEST 等；碳核算模型：如 IPCC 排放因子法、GPC、碳物质流分析（CFA）、中国区域排放清单核算的 MEIC 等。模拟层：驱动情景分析与虚拟实验，核心功能包括参数敏感性分析，识别减污降碳关键控制因子（如污水处理厂 DO 浓度、固体废物掺混比例）；多情景路径模拟，对比不同管理策略下污染减排与碳减排的协同度演变；数字孪生体交互，支持废弃矿井改造等复杂场景的 3D 可视化操作与实时反馈[1]。应用层：面向三类典型场景输出决策支持：企业级，提供工艺参数优化方案（如回流比调整）、能源结构升级建议；园区级，生成固体废物交换网络拓扑、基础设施共享方案；城市/区域级，制定重点行业控排路线图、产业结构调整建议。

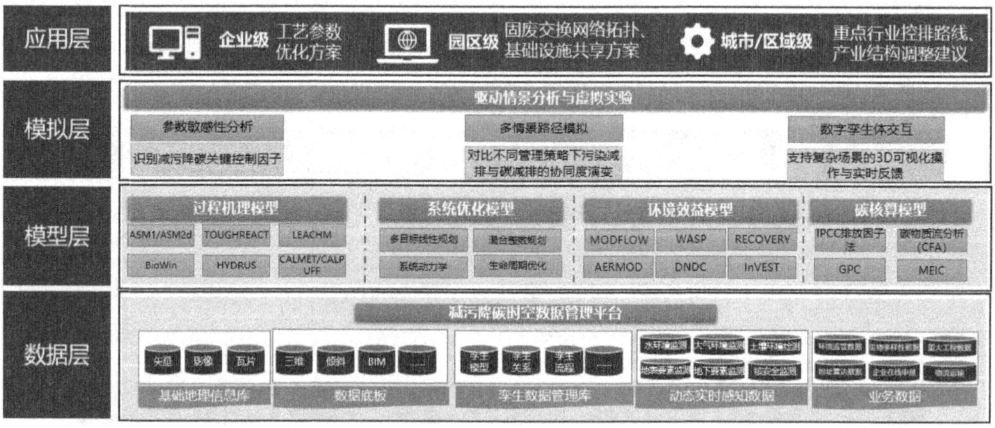

图 53 减污降碳协同模拟器技术架构

大宗固体废物因其成分复杂跨产业链协同难且环境风险突出，成为减污降碳协同治理的重点领域。减污降碳协同模拟器技术将助力大宗固体废物综合治理的数字化破局。

6.4 智慧决策技术应用场景

智慧决策技术在生态环境管理的多元场景中已实现深度落地，其应用成效在政策实践与工程案例中得到充分验证。在大气污染治理领域，北京市构建的“蓝天大模型”形成了全链条决策闭环，该系统整合 3 000 余个空气质量监测站点实时数据、1 200 家重点工业企业的 VOCs 与氮氧化物排放数据，以及 200 万路交通摄像头捕捉的车流量信息，通过改进的 CALPUFF 扩散模型与 Transformer 神经网络建立“污染源—受体”响应矩阵。2024 年 11 月京津冀地区出现重污染过程时，模型在 10 min 内识别出通州区家具制造集群（贡献区域 VOCs 浓度 18%）和大兴区物流园区装卸作业（贡献 15%）为主要污染源，指导执法部门实施“错峰生产+末端治理升级”措施，推动区域 VOCs 浓度 3 天内下降 27%，相关技术路径被纳入《京津冀及周边地区大气污染防治强化措施（2024）》，成为区域协同治污的标准化工具。

在流域生态保护领域，长江水利委员会部署的“长江大模型”展现出复杂水文与污染过程的协同决策能力。该模型整合长江流域 19 个省（市）的水文数据（流量、水位、含沙量）、工业排放数据（COD、氨氮排放量）及航运数据（船舶流量、燃油消耗），构建 500 亿参数的水动力—水质耦合模型。2023 年汛期，通过模拟不同泄洪方案对中下游水质的影响，模型优化了三峡水库的泄洪调度策略，在保障防洪安全的前提下，将洞庭湖总磷浓度控制在 0.06 mg/L 以下（满足Ⅲ类水质标准）；同时，模型预测未来 10 年流域水质变化趋势，为《中华人民共和国长江保护法》实施中的产业布局调整提供量化依据，测算显示沿江化工企业搬迁至合规园区可使岸边污染带面积减少 35%，为流域绿色发展规划提供了科学支撑。

生态修复领域的智慧决策以浙江省“绿水青山大模型”在千岛湖流域的应用为典型案例。基于全省 1∶10 000 高精度生态网格数据（包含地形地貌、土壤类型、植被覆盖度等 18 项基础属性），模型通过 NDVI、水土流失模数等 27 项指标，量化评估发现农业面源污染占流域总氮输入的 45%，且湖滨带植被缓冲带缺失导致 70%的地表径流直接入湖。据此生成的“湖滨带植被优化（种植芦苇、茭白等耐湿植物 200 hm^2）+农田生态沟渠建设（新建农田生态拦截沟渠 50 km）”的组合方案，经 3 年实施后，流域氮、磷入湖量分别减少 22%、19%，水质达标率从 82%提升至 95%，生态修复成本较传统人工方案降低 18%，相关成果入选生态环境部《数字技术助力美丽中国建设典型案例集（2024）》，成为全国生态修复智慧决策的标杆。

突发环境事件应急处置中，深圳市“危险废物环境风险预警大模型”实现了风险的精准拦截。该模型实时采集全国12万家危险废物企业的产废数据（产生量、利用处置量）、运输轨迹（GPS定位）及贮存设施监控视频，通过LSTM神经网络与注意力机制识别27类异常模式（如夜间高频运输、跨区域转移路径偏离许可范围）。2024年，系统成功预警13起跨省危险废物非法转移事件，其中在粤赣边境拦截的30 t废酸案件中，从异常数据识别到现场处置仅用3 h，较传统人工核查效率提升16倍，涉案危险废物拦截率达92%。该技术已纳入《国家环境应急能力建设“十四五”规划》，在全国31个省级行政区推广应用，显著提升了环境风险防控的响应速度。

在碳达峰碳中和规划领域，中国气象局联合华为云开发的“气候大模型”为区域碳策略制定提供了量化支撑。模型整合能源消费结构数据（煤炭、石油、天然气占比）、工业产值数据（钢铁、化工、电力行业GDP贡献）及植被碳汇模型（不同林龄树木固碳速率），构建“政策—经济—环境”多目标优化工具。在山西省碳达峰规划中，模型模拟显示“2030年前煤电装机占比降至50%+风电光伏装机达40 GW”的方案，可使碳排放强度下降45%，同时保障GDP年均增长5.2%。据此，山西省调整能源结构，2024年新增风电光伏装机8 GW，提前完成阶段性目标；模型输出的未来30年气候影响数据（如长三角地区暴雨日数将增加15%，导致森林固碳量减少8%），已被纳入《国家适应气候变化战略2035》，为碳汇能力提升规划提供了科学依据。

这些应用场景均基于公开的政策文件、官方案例与技术公报，充分体现了智慧决策技术从数据感知到方案生成的全链条赋能作用，其核心价值在于将复杂环境问题转化为可量化、可预测的决策依据，推动生态环境管理从“经验驱动”向“数据驱动”的根本性转变。

参考文献

[1] 刘柏音，刘孝富，王维. 长江生态环境保护修复智慧决策平台构建与初步设计[J]. 环境科学研究，2020，33（5）：1276-1283.

[2] 王立波，高智，王桥. 融合遥感指数协同推理的地表异常检测方法[J]. 电子与信息学报，2025，47（6）：1669-1678.

[3] 史宏志，赵健，赵雅倩，等. 大模型时代的混合专家系统优化综述[J]. 计算机研究与发展，2025，62（5）：1164-1189.

[4] 贾海峰，孔萌萌，郭羽，等. 水环境决策支持系统框架下的密云水库水质模型[J]. 清华大学学报（自然科学版），2010，50（9）：1383-1386.

[5] 曹建斌. 无人机遥感技术在森林资源监测中的应用[J]. 农村科学实验，2025（7）：139-141.

[6] 赵晓梦，魏婷，朱俊鹏. 从排污费到环保税：绿色税制改革视阈下的减污降碳协同治理研究[J]. 中国地质大学学报（社会科学版），2024，24（3）：57-72.

[7] 王力，冯相昭，马彤，等. 典型城市减污降碳协同控制潜力评价研究：以渭南市为例[J]. 环境科学研究，2022，35（8）：2006-2014.

7 面向美丽中国的数字环境设计

7.1 美丽中国数字环境建设需求

7.1.1 现代化环境治理的数字化需求与实践

党的十八大以来，我国生态环境保护发生了历史性、转折性、全局性变化，生态环境质量明显好转，但是，生态环境质量改善从量变到质变的拐点尚未到来，仍面临诸多压力和挑战。

在国家政策层面，生态文明建设已上升为中华民族永续发展的根本大计[2]。美丽中国对环境治理提出了更高标准、更精准化的要求，迫切需要借助数字化手段提升治理效能。2020 年，中共中央办公厅、国务院办公厅印发《关于构建现代环境治理体系的指导意见》，明确提出“健全环境治理信息化体系”，要求构建全国统一的生态环境监测网络和数据共享平台；2021 年，《“十四五”数字经济发展规划》将“数字技术赋能生态文明建设”作为重点任务，推动环境治理从“人防”向“技防”升级。在碳达峰、碳中和目标背景下，2022 年生态环境部发布的《碳监测评估试点工作方案》，通过卫星遥感、地面监测等数字化手段，实现了重点区域碳排放的精准核算，为“双碳”目标提供了坚实的技术支撑。2023 年 7 月，在全国生态环境保护大会上，习近平总书记提出“深化人工智能等数字技术应用，构建美丽中国数字化治理体系，建设绿色智慧的数字生态文明”，为新时代数字化赋能生态文明建设提供了根本遵循和行动指南[1]。同年 12 月，《中共中央　国务院关于全面推进美丽中国建设的意见》对加快数字赋能美丽中国建设作出具体部署，提出“实施生态环境信息化工程”“加快建立现代化生态环境监测体系”“提升生态环境质量预测预报水平”“实施国家环境守法行动”等重大任务，充分体现对能力建设的迫切需求。2024 年 7 月，党的二十届三中全会通过的《中共中央关于进一步全面深化改革、推进中国式现代化的决定》提出“健全生态环境治理体系”，为生态环境治理体系和治理能力现代化改革指明了方向。这些政策导向不仅体现了国家对环境治理现代化的战略考量，更反映了运用数字技术破解环境治理难题的现实路径，为环境治理数字化转型构建了完善的制度框架[3]。

我国环境问题的复杂化程度不断加深，对治理和保护能力提出了全新挑战。跨区域、跨流域的环境污染问题日益突出，2023 年京津冀及周边地区 $PM_{2.5}$ 传输通道研究显示，区域内污染物相互影响的贡献率达 30%～40%，单一行政区域的治理已难以从根本上解决问题；长江三角洲地区臭氧浓度年均值较 2015 年上升 12%，与 $PM_{2.5}$ 形成协同污染，传统的监测手段难以实现成因的精准解析。生态系统退化呈现多因素交织、多过程耦合的特征，如黄土高原水土流失治理中，需要同步考虑植被恢复、降水变化、农业活动等 12 类影响因素，简单的末端治理已无法从根本上解决问题。气候变化带来的不确定性进一步增加了环境治理的复杂性，2024 年全国共发生 47 次区域性暴雨过程，较常年偏多 22%，对流域应急响应构成了严峻考验。这些复杂环境问题的治理，亟须数字化技术提供全方位、多维度、实时动态的监测分析和决策支持能力。

传统环境治理模式在面对新形势时日益显现出局限性。数据孤岛现象严重制约了治理效能，生态环境部 2023 年调研显示，省级生态环境部门与水利、农业农村部门的数据共享率不足 40%，这直接导致在太湖流域总磷治理过程中，农业面源与工业排放数据难以实现联动分析，影响了治理措施的精准性。环境监测网络覆盖不足，截至 2023 年，全国农村地区环境自动监测站仅占全国环境自动监测站总数量的 17%，云南迪庆、青海玉树等生态脆弱区仍存在监测空白，难以全面掌握生态环境的真实状况。环境应急响应存在滞后性，2023 年某化工园区苯胺泄漏事件中，从发现超标到溯源定位耗时 56 h，错过了最佳处置时机，导致污染影响范围扩大。治理手段相对粗放，缺乏精准施策的数据支撑，如北方冬季散煤燃烧监管中，因缺乏分户监测数据，部分地区采取“全域禁煤”的粗放措施，在一定程度上影响了群众的正常供暖。公众参与渠道不畅，环境信息公开不充分，社会监督作用未能充分发挥。这些局限性在很大程度上制约了环境治理体系和治理能力现代化进程。

数字化技术为破解这些难题提供了全新可能。物联网技术的成熟使环境要素的全天候、全地域监测成为现实，浙江省“千万工程”数字化项目在 10 个试点县部署 2.3 万个农田氮磷传感器，使面源污染监测精度提升至 90%，填补了传统监测网络在农业污染监测上的空白；5G 网络的建设解决了数据传输的瓶颈问题，黄河三角洲湿地的红外相机数据可实时回传，实现了鸟类迁徙的动态追踪，为生态保护提供了精准数据。云计算平台的建设打破了数据孤岛，国家生态保护红线监管平台整合 31 个省份的 87 类数据，2023 年数据共享量达 120 TB，较传统模式效率提升 15 倍，实现了跨区域、跨部门的数据协同。人工智能技术的发展大幅提升了环境数据分析能力，深圳市生态环境局开发的污染源溯源算法，将 VOCs 泄漏点定位误差控制在 50 m 内，较人工排查效率提升 20 倍，使复杂环境问题的识别、预警和溯源成为可能。区块链技术的应用确保了环境数据的真实性和不可篡改性，广东省碳排放权交易平台采用区块链存证，2024 年累计完成 1.2 亿 t 碳排放数据上链，为环境监管和执法提供了可靠依据。这些技术进步共同构成了环境治理数字化转型的技术基础，为解决传统治理模式的痛点提供了有效方案。

国际环境治理的发展趋势也印证了数字化转型的必要性。发达国家普遍将数字技术作为提升环境治理能力的关键抓手，欧盟的“绿色数字转型”计划通过构建“环境信息系统”（SEIS），整合 27 国的大气、水、土壤数据，实现了跨国界污染的协同治理；美国的“智慧城市”倡议中，“数字孪生流域”项目通过对密西西比河的虚拟仿真，将洪水预警提前至 72 h，提升了灾害应对能力。全球环境治理正在向精准化、智能化、协同化方向发展，数字技术在国际环境公约履行、跨境污染治理、气候变化应对等领域发挥着越来越重要的作用。我国要实现环境治理体系和治理能力现代化，必须顺应这一国际趋势，加快推进环境治理的数字化转型。

在实践层面，各地开展了一系列环境治理数字化探索。大气污染防治的“智慧环保”系统实现了污染源的精准管控，北京市“蓝天保卫战”平台整合 3 000 个大气微站数据，2024 年重污染应急响应时间缩短至 4 h，提升了应急处置效率；水环境治理的“河长制”信息平台促进了流域协同治理，长江水利委员会的“智慧长江”系统通过水动力模型，优化三峡水库调度，使中下游四大家鱼产卵场水温达标率提升至 89%，助力生态保护；生态保护的“空天地一体化”监测网络提升了监管效能，这些实践探索虽然取得了积极成效，但仍存在系统集成不足、应用深度不够等问题，需要从整体上推进环境治理的数字化转型。

7.1.2 美丽中国建设对数字化的多元需求

美丽中国建设对数字化的需求是全方位、多层次的：既涵盖监测技术的智能升级，也涉及治理体系的数字化重构；既需要单一领域的深度应用，更依赖跨领域、跨层级的系统集成。未来，随着 5G、人工智能、量子计算等技术的持续演进，数字化将进一步赋能生态环境治理现代化，为美丽中国建设提供更加坚实、高效的科技支撑[4]。

7.1.2.1 生态环境领域重大工程“谋-调-考”数字化需求

随着美丽中国建设的深入推进，2025 年 1 月《关于建设美丽中国先行区的实施意见》发布实施，建设美丽中国先行区是全面推进美丽中国建设的重要抓手，是构建美丽中国建设新格局的关键支撑。其核心目标是打造美丽中国全域建设的示范样本，探索可复制、可推广的经验模式，推动生态环境质量根本好转。在推进重大战略区域美丽中国先行区建设过程中，面临基础理论缺失、中长期目标不明确、美丽先行区建设路径不清晰、重大工程谋划设计不足、生态环境治理现代化水平不高等突出问题，缺乏先行区建设的顶层设计技术，现有相关研究不全面、不系统、不深入，亟须开展基于重大战略布局的美丽中国区域建设战略目标与路径的研究，尤其是美丽中国建设推进路径和重大工程技术体系的顶层设计，将区域战略—愿景目标—实施路径—工程支撑—治理体系现代化等先导性顶层设计链条上的关键技术问题通过开展数字模拟进行破解，提出一套构建中长期战略路线图的集成技术体系，为推动美丽中国先行区建设目标的实现提供战略性、前瞻性科技支撑。

7.1.2.2 环境监测与污染防控数字化需求

生态环境治理的复杂性和系统性，决定了其对数字化技术的迫切需求。随着全球环境问题日益严峻，传统的治理手段已难以应对污染扩散、生态退化等挑战，而数字化技术以其高效性、精准性和实时性，成为破解生态环境治理难题的关键工具。无论是大气污染的防控、水环境的保护，还是土壤质量的修复，都需要借助物联网、大数据、人工智能等先进技术，构建更加智能、高效的监测与管理体系[5]。

在环境监测与污染防控方面，数字化技术的核心价值在于实现数据的实时采集、动态分析和智能预警。过去，环境监测主要依赖人工采样和实验室分析，不仅耗时耗力，而且数据更新滞后，难以为决策提供及时支持。如今，物联网技术的广泛应用，使各类传感器可以部署在河流、空气、土壤等关键区域，全天候监测污染物浓度、温湿度、风速等指标，形成覆盖全域的感知网络。例如，在城市空气质量监测中，高密度的微型传感器能够实时捕捉 $PM_{2.5}$、二氧化硫等污染物的变化趋势，并结合气象数据预测雾霾的扩散路径，从而帮助生态环境部门提前采取限排措施，减少公众健康风险。

遥感技术则在更大尺度的环境监测中发挥着不可替代的作用。卫星遥感能够对森林覆盖、水体污染、土地荒漠化等宏观生态问题进行周期性观测，提供全球或区域范围内的环境变化数据。结合人工智能算法，这些数据可以自动识别非法排污口、违规砍伐等行为，大幅提升监管效率。例如，在长江经济带的生态保护中，遥感影像结合 AI 分析，能够快速识别沿江企业的排污情况，确保“共抓大保护”政策落到实处。此外，无人机巡检也在生态保护中广泛应用，特别是在地形复杂、人力难以到达的区域，如高山、湿地等，无人机可以搭载多光谱相机，精准监测植被健康状况或污染源分布，为生态修复提供数据支撑[6]。

污染源的动态追踪是数字化技术在环境治理中的另一重要应用。传统的污染治理往往采取“事后处置”模式，即污染事件发生后再进行应急处理，这种方式不仅成本高昂，而且难以从根本上解决问题。而借助大数据分析和智能算法，生态环境部门可以对污染源进行实时追踪和溯源分析，精准锁定排放主体，实现从被动应对到主动防控的转变。例如，在重点工业园区，企业排放数据被实时上传至智慧环保平台，一旦某家企业的排污指标异常，系统会自动触发预警，并联动执法人员进行现场核查，确保污染问题在萌芽阶段就被遏制。此外，区块链技术的引入，使污染数据的记录更加透明和不可篡改，有助于建立企业环保信用体系，推动行业自律。

数字化技术在生态修复和生物多样性保护方面同样发挥着重要作用。生态系统的恢复往往需要长期观测和科学评估，而传统方法依赖人工调查，效率较低。通过部署生态监测传感器网络，结合 AI 模型，可以实时评估湿地、森林、草原等生态系统的健康状况，预测退化趋势，并制定精准的修复方案。例如，在黄河流域的生态治理中，数字孪生技术被用于模拟不同水利工程对河道生态的影响，帮助决策者选择最优方案，减少对自然环境的干扰。在生物多样性保护方面，AI 图像识别和声纹分析技术能够自动识别野生动物的种类和活动轨迹，为自然保护区管理提供数据支持。红外相机结合深度学习算法，可以自动识别雪豹、大熊猫等珍稀物种，监测其出现频率，评估保护成效，并为栖息地修复提供科学依据。

数字化技术还推动了环境治理模式的创新，使政府、企业、公众能够更高效地协同合作。过去，环境数据分散在各个部门，形成“信息孤岛”，制约了综合治理能力的提升。而通过构建统一的生态环境大数据平台，气象、水利、生态环境、自然资源等部门的数据得以整合，形成跨领域、跨层级的协同治理体系。例如，在应对突发环境事件时，应急指挥中心可以实时调取气象数据、水文信息、污染源分布等，快速制定最优处置方案，提高应急响应效率。同时，数字化也降低了公众参与环境监督的门槛。通过手机 App 或社交媒体，普通民众可以随时上报环境污染问题，如黑臭水体、非法排污等，并实时查看处理进展，形成全社会共同监督的治理格局。

总体来看，生态环境治理对数字化的需求是全方位的，既包括监测技术的智能化升级，也涵盖治理模式的数字化转型。随着 5G、人工智能、量子计算等技术的进一步发展，数字化将在环境监测精度、污染预警速度、生态修复效率等方面实现更大突破，为美丽中国建设提供更强大的科技支撑。

7.1.2.3 生态保护与修复数字化需求

在生态文明建设的时代背景下，生态保护与修复工作正面临着前所未有的机遇与挑战。随着人类活动范围的不断扩大和气候变化影响的日益加剧，传统的生态保护手段已难以满足当前生物多样性保护和生态系统管理的需求。数字化技术的快速发展为生态保护与修复工作提供了全新的解决方案，通过地理信息系统、生态大数据分析等先进技术的应用，正在重塑生态保护的格局，推动生态治理向智能化、精准化方向发展。

生物多样性监测是生态保护的基础性工作，也是数字化技术应用的重要领域。传统的生物多样性调查主要依靠人工实地考察，不仅耗费大量人力、物力，而且数据采集的覆盖范围和时效性都受到很大限制。如今，借助卫星遥感、无人机航拍、红外相机网络等数字化监测手段，配合人工智能图像识别技术，可以实现对野生动植物种群分布、数量变化的自动化监测。这种全天候、大范围的监测方式极大地拓展了生态监测的时空维度，使保护区管理人员能够及时掌握生态系统动态变化，为制定科学的保护策略提供数据支撑。特别是在一些地形复杂、人迹罕至的区域，数字化监测手段展现出无可比拟的优势，填补了传统监测的空白。

生态红线监管是维护国家生态安全的重要制度保障，而数字化技术为红线监管提供了强有力的技术支撑。通过构建基于 GIS 的空间信息平台，将生态保护红线、永久基本农田、城镇开发边界等重要控制线精准落地，实现“一张图”管理。这种空间可视化技术不仅提高了规划编制的科学性，而且为生态红线的日常监管提供了便利。利用卫星遥感影像比对、变化检测算法等技术手段，可以定期对红线区域进行“体检”，及时发现和制止违规开发建设行为。同时，结合移动巡查终端，监管人员可以随时调取红线区域的规划信息、审批情况等数据，大幅提升了执法效率和准确性。这种“天上看、地上查、网上管”的立体化监管模式，有效解决了生态红线“划得准、管得住”的难题。

自然保护区是生物多样性保护的核心区域，数字化技术正在深刻改变传统的保护管理模式。智能巡护系统的应用就是一个典型范例。通过部署智能传感器网络、电子围栏等基础设施，结合巡护人员的移动终端，构建起“人防+技防”的立体防护体系。这套系统不仅可以实时监测保护区内的人类活动情况，还能对重点保护物种的活动轨迹进行追踪，一旦发现异常情况立即预警。同时，巡护轨迹的数字化记录和管理，既规范了巡护工作流程，也为保护成效评估积累了宝贵的数据。在一些试点保护区，甚至开始尝试应用 AI 视频分析技术，对监控画面中的可疑行为进行自动识别，大幅提高了保护工作的效率和精准度。

生态修复工程的效果评估是确保修复质量的关键环节，数字化技术为这一工作提供了科学依据。传统的修复效果评估往往依赖阶段性的人工调查，存在数据不连续、评价标准不统一等问题。现在，通过建立生态修复大数据平台，整合多源时空数据，可以对修复区域的植被恢复、水土保持、生物多样性等指标进行长期动态监测。特别是遥感影像时序分析技术的应用，能够直观地展示修复区域的生态演变过程，为评估修复效果提供客观依据。此外，数字孪生技术的引入，使修复工程可以建立虚拟仿真模型，通过模拟不同修复方案的长期效果，辅助决策者选择最优方案，避免盲目投入导致资源浪费。

在流域生态综合治理方面，数字化技术也展现出独特价值。通过构建流域生态大数据平台，整合水文、气象、土壤、植被等多维度数据，建立流域生态系统健康评价模型，为综合治理提供决策支持。数字流域模型的建立，使管理者可以模拟不同治理情景下的生态响应，预测治理措施的长期效果，实现从经验治理向科学治理的转变。特别是在跨区域流域治理中，数字化平台打破了行政边界的数据壁垒，促进了上下游、左右岸的协同治理，为解决流域生态保护中的“条块分割”问题提供了新思路。

湿地生态系统的保护与修复同样受益于数字化技术的应用。湿地具有重要的生态功能，但也面临着面积萎缩、功能退化等问题。通过建立湿地生态监测网络，结合遥感影像解译和地面监测数据，可以构建湿地健康诊断系统，实时掌握湿地生态状况。数字高程模型、水文模型等技术的应用，为湿地水文调控、植被恢复等修复工程提供了精准的设计依据。在一些重要湿地保护区，已经开始尝试应用物联网技术构建智能湿地管理系统，通过监测水位、水质等关键指标的变化，自动调控水利设施，维持湿地的生态需水，实现湿地的智能化管理。

荒漠化防治是生态修复的重要领域，数字化技术为这一工作注入了新动能。通过构建荒漠化监测预警系统，利用多源遥感数据，可以实现对沙化土地的类型、程度、动态变化的精准识别和评估。结合气象数据、植被指数等指标，建立荒漠化风险预警模型，提前预判可能发生的沙化扩展趋势，为防治决策提供科学依据。在治沙工程实施过程中，无人机航测、三维建模等技术的应用，大幅提高了工程设计的精准性和施工效率。特别是通过建立治沙工程数字化管理平台，可以实现对工程进度、质量、效果的全程跟踪和评估，确保治沙工程的科学性和持续性。

海洋生态保护同样离不开数字化技术的支撑。海洋生态系统具有广阔性、复杂性和不可见性等特点，给保护工作带来巨大挑战。如今，通过构建海洋生态监测网络，整合卫星遥感、浮标监测、水下机器人等多元观测手段，实现了对海洋环境、生物资源、生态系统的立体化监测。特别是人工智能技术在海洋生物识别、珊瑚礁健康评估等方面的应用，大幅提高了监测的效率和准确性。在海洋保护区管理中，电子围栏、船舶自动识别系统等技术的应用，有效加强了对保护区域的监管能力，减少了人类活动对敏感生态系统的干扰。

7.1.2.4 绿色低碳发展数字化需求

在全球气候变化加剧和“双碳”目标深入推进的背景下，绿色低碳发展已成为我国经济社会转型的必然选择。这一转型过程面临着碳排放底数不清、减排路径不明、监管手段不足等多重挑战，亟须借助数字化技术构建精准高效的碳治理体系。数字化手段正在从碳排放监测核算、能源系统优化、低碳产业转型等多个维度，为绿色低碳发展提供全新的技术支撑和解决方案，推动形成数据驱动的环境治理新范式。

碳排放的精准核算是绿色低碳发展的基础性工作，也是当前面临的主要技术瓶颈之一。传统的碳排放统计主要依靠宏观能源消费数据推算，存在核算周期长、精度低、溯源难等问题。数字化技术的引入正在彻底改变这一局面。通过构建“端—边—云”协同的碳监测体系，在重点排放源安装在线监测设备，可以实现碳排放数据的实时采集和动态更新。物联网技术的应用使企业生产过程中的能源消耗和碳排放数据能够自动采集并实时上传，避免了人为干预和数据篡改。区块链技术的引入则确保了碳数据的真实性和可追溯性，为碳交易市场的健康发展奠定了基础。在城市层面，通过整合电力、燃气、交通等多源数据，结合遥感监测和大气反演技术，可以构建城市碳监测平台，实现碳排放的“空间可视化”和“时间连续化”，为城市低碳发展规划提供科学依据。

能源结构的清洁化转型是实现碳中和目标的关键路径，数字化技术在这一过程中发挥着重要的赋能作用。智慧能源管理系统的广泛应用，使能源生产、传输、消费各环节的数据得以全面贯通和智能分析。在电力系统领域，数字孪生技术可以模拟不同情景下的电网运行状态，优化可再生能源的并网消纳；人工智能算法能够预测风光资源的波动特性，提高清洁能源的利用效率。在工业领域，能源管理系统通过实时监测设备能效，识别节能潜力，指导企业实施精准的节能改造。建筑领域的能源物联网则通过对空调、照明等用能设备的智能调控，大幅降低建筑运行能耗。这些数字化应用不仅提高了能源系统的整体效率，还加速了化石能源向清洁能源的平稳过渡。

工业园区的低碳化改造是产业部门减排的重要突破口，数字化技术为园区循环化、绿色化发展提供了系统解决方案。通过部署覆盖全园区的碳监测网络，可以实时掌握各企业的碳排放情况，建立园区级的碳账户体系。基于这些数据，园区管理者可以识别产业链中的碳热点，优化产业布局和能源梯级利用。数字孪生技术的应用使园区可以在虚拟空间模拟不同的减排方案，评估其经济效益、环境效益，选择最优实施路径。在一些先进园区，已经开始尝试将碳排放数据与企业生产计划智能联动，实现“以碳定产”的精准调控。此外，园区废弃物资源化利用也因数字化追溯系统的应用而更加高效，通过二维码、RFID 等技术对废弃物进行全生命周期管理，提高资源的循环利用效率。

交通领域的低碳转型同样离不开数字化支撑。智能交通系统的建设和完善，使出行需求管理、运输组织优化、新能源车推广等工作更加精准高效。通过整合手机信令、车载终端、视频识别等多源数据，可以分析城市交通流的时空分布特征，为公交线网优化、慢行系统建设等提供决策支持。车路协同技术的应用提高了道路通行效率，减少了不必要的燃油消耗。在货运领域，数字货运平台通过智能匹配货源和运力，降低了车辆空驶率；多式联运信息系统则促进了不同运输方式的高效衔接，优化了物流体系的整体能效。新能源汽车与智能电网的协同互动，也在数字化技术的支持下逐步实现，通过充电负荷的智能调控，既满足了用户需求，又减轻了对电网的冲击。

建筑行业的绿色低碳发展同样呈现出明显的数字化特征。建筑信息模型（BIM）技术的普及应用，使得建筑从设计阶段就开始考虑节能降碳要求，通过模拟分析不同方案的能耗表现，选择最优的绿色建筑方案。建筑运行阶段的能源管理系统则通过对各类用能设备的实时监测和智能控制，持续优化建筑能效表现。在一些示范项目中，已经开始尝试将建筑能源系统与城市电网、热网深度互动，使建筑从单纯的能源消费者转变为具有调节能力的“产消者”。建筑材料的碳足迹追溯系统也在逐步建立，通过区块链技术记录建材全生命周期的碳排放数据，为绿色建材的选择和建筑碳足迹的计算提供可靠依据。

农业领域的减排固碳工作也在数字化技术的助力下取得新进展。精准农业技术的推广应用，使化肥、农药等投入品的使用更加科学合理，既降低了农业生产成本，又减少了农业面源污染和温室气体排放。卫星遥感、无人机巡田与地面传感器网络的结合，实现了对土壤墒情、作物长势、病虫害情况的精准监测，为科学种植提供了数据支持。畜牧业中的智能饲喂系统、粪污处理监测系统等数字化应用，也在降低养殖业碳排放方面发挥了积极作用。此外，农业碳汇监测评估技术体系的建立，使农田、林地等生态系统的固碳能力得到科学量化，为碳汇交易提供了技术基础。

消费端的低碳转型同样呈现出数字化特征。碳足迹追溯系统的建立，使产品的全生命周期碳排放变得透明可视，消费者可以通过扫描二维码了解所购产品的碳足迹信息，作出更加环保的消费选择。一些城市开始尝试建立个人碳账户体系，通过 App 记录市民的出行、消费等行为的碳排放量，并建立相应的激励机制。共享经济平台的数字化匹配算法，提高了资源利用效率，减少了不必要的生产和消费。在线会议、远程办公等数字化工作方式的普及，也在一定程度上减少了交通出行带来的碳排放。

7.1.2.5 城乡生态协同治理数字化需求

在新型城镇化战略和乡村振兴战略双轮驱动的背景下，城乡生态协同治理正面临前所未有的机遇与挑战。传统的城乡二元治理模式已难以适应生态文明建设的要求，亟须通过数字化手段打破行政壁垒，构建城乡一体的生态环境治理体系。数字化技术正在重塑城乡生态治理格局，推动形成“城市智慧化、农村数字化、流域系统化”的协同治理新模式，为美丽中国建设提供强有力的技术支撑。

城市生态治理的数字化转型呈现全方位、多层次的推进态势。智慧环卫系统的建设正在改变传统粗放式的城市管理模式，通过智能垃圾桶、垃圾收运车辆定位、中转站监控等物联网设备的部署，实现了垃圾产生、收集、运输、处理全过程的数字化管理。这种精细化管理不仅提高了环卫作业效率，还为垃圾分类、资源化利用提供了数据基础。海绵城市建设则借助数字孪生技术，构建城市水文模型，模拟不同降雨情景下的雨水径流过程，优化海绵设施布局。通过布设地下管网传感器、内涝监测点等设施，城市排水防涝系统实现了从被动应对到主动防控的转变。绿色建筑管理平台整合了建筑能耗、室内环境质量、设备运行状态等多维数据，通过人工智能算法优化建筑能源系统运行策略，显著降低了建筑领域碳排放。这些数字化应用正在推动城市从传统治理向智慧治理跃升，使城市更宜居、更韧性、更低碳。

农村生态环境治理同样迎来了数字化变革。农业面源污染监测网络的建立，填补了长期以来农村污染监管的空白。通过部署农田氮磷流失监测站、畜禽养殖污染在线监测等设备，结合卫星遥感技术，实现了对农业面源污染的定量化评估和空间化展示。这些数据为精准施肥、生态养殖等绿色农业技术的推广提供了科学依据。农村污水治理的数字化改造则解决了分散式污水处理设施“建而不管”的难题。智能污水处理站通过安装在线监测设备，实时监控进出水水质和设备运行状态，发现问题自动报警，大幅提高了设施正常运行率。在一些试点地区，还尝试建立农村环境综合监管平台，整合生活垃圾、生活污水、畜禽养殖等多源环境数据，形成农村环境“一张图”，为乡村振兴中的生态环境保护工作提供了有力支撑。

河湖生态保护领域的数字化应用尤为突出。河长制信息系统的建设和完善，使各级河长履职情况得以数字化记录和量化考核。巡河 App 的应用不仅规范了巡河流程，还能自动记录巡河轨迹、发现问题并上传至管理平台，形成问题发现、交办、整改、反馈的闭环管理。通过整合视频监控、无人机巡查、卫星遥感等多元监测手段，构建了“空天地一体化”的河湖监管体系，大幅提升了河湖问题的发现和处置效率。流域智慧化管理平台则打破了行政区划限制，实现了上下游、左右岸的协同治理。通过构建流域水文水质模型，模拟预测不同治理情景下的环境效应，为流域综合治理提供了科学决策工具。特别是在跨省界流域治理中，数字化平台促进了数据共享和业务协同，有效解决了流域治理中的“条块分割”问题。

城乡生态数据的互联互通是协同治理的关键基础。通过建设统一的生态环境大数据平台，整合城市和农村的环境监测数据、污染源数据、生态状况数据，打破了长期以来城乡环境数据割裂的局面。这种数据融合使城市污染向农村转移、农村污染影响城市等问题得到及时发现和处置。空间信息技术的应用则实现了城乡生态状况的可视化表达，通过“一张图”直观展示城乡生态系统的空间格局和演变趋势，为国土空间规划和生态保护修复提供了科学依据。特别是在城乡接合部等治理薄弱区域，数字化监测手段的加强有效防范了“两不管”地带的环境风险。

数字化技术还推动了城乡生态环境治理模式的创新。传统的“自上而下”的行政推动模式正在向“多元共治”转变。通过开发公众参与 App、微信小程序等数字化工具，城乡居民可以便捷地举报环境问题、参与环保监督、获取环境信息，形成了政府主导、企业施治、公众参与的共治格局。环境信息的公开透明也倒逼企业加强环境自律，一些工业园区开始建立环境信用评价系统，将企业环境表现数字化、可视化，并与信贷、补贴等政策挂钩，形成了有效的激励约束机制。

在生态补偿机制方面，数字化技术提供了精准核算和高效执行的技术支持。通过建立生态系统服务价值核算平台，量化评估城乡之间、流域上下游之间的生态贡献和生态受益，为横向生态补偿标准的制定提供了科学依据。区块链技术的应用则确保了补偿资金使用的透明性和可追溯性，提高了生态补偿政策的执行效率。特别是在重点生态功能区，数字化监测网络的建设使生态保护成效得到客观评估，实现了“保护者受益”的良性循环。

城乡生态协同治理的数字化转型也面临诸多挑战。城乡数字基础设施的不均衡、数据标准的不统一、技术人才的不匹配等问题制约着数字化应用的深度和广度。未来，随着5G、物联网、人工智能等技术的进一步普及，数字化将在城乡生态治理中发挥更加重要的作用。但需要强调的是，技术只是手段，真正的协同治理还需要体制机制创新、标准规范完善、能力建设加强等多方面协同推进。只有将技术创新与制度创新有机结合，才能真正构建城乡融合、优势互补、共建共享的生态环境治理新格局，实现城乡生态环境的协同改善和整体提升，为美丽中国建设奠定坚实的生态环境基础。

7.2 美丽中国数字环境架构设计

按照“需求牵引、应用至上、数智赋能、提升能力”的要求，以数字化、智能化为主线，以数字化场景、智慧化模拟、精准化决策为路径，创新重大项目生态环境数字孪生全生命周期管理，挖掘数据价值，深入应用场景，在多场景标准工艺流程和智能化管理标准方面不断探索与实践。以GIS为基础框架，融合实景三维模型、BIM、激光点云、污染插值等多源异构数据，集成虚拟现实（VR）、增强现实（AR），结合三维可视化引擎，真实刻画空间细节，打造精准、动态、可视化的生态环境数字孪生底座，通过三维的体征感知能力、认知推理能力、空间模拟仿真能力、空间分析计算能力、共享服务能力，有效解决二维空间分析表达的局限。

美丽中国数字环境架构设计以全生命周期生态环境大数据为基础，打造基于GIS+BIM+IOT+AI的数字孪生体，构建一个高频、多中心、短链路决策机制，数智化赋能生态环境各个领域，从以往被动响应逐步转变为全域协同治理、智能预警，实现污染物精准识别、源头防控、“双碳”目标和生态产品价值实现。

美丽中国的数字环境技术架构（图54）是一项深度融合物理世界与数字空间的复杂系统工程，其核心是通过构建一套层次清晰、功能完备的数字孪生体，为生态环境的精准感知、智能研判、科学决策和高效治理提供全链条技术支撑。

该架构的根基是物理域，涵盖了需要保护和治理的一切现实对象，包括自然生态环境（如山川、河流、动植物）、人类活动区域（如城市、园区、矿山）以及各类重大工程设施。这是所有数字化手段最终作用和服务的目标。

在物理域之上是感知层，它如同架构的“神经末梢”，通过空（卫星）、天（航空无人机）、地（各类监测站点、移动设备）一体化感知网络，全天候、全方位地采集物理域的状态数据，并执行控制指令，实现对物理世界的实时监测与初步干预。

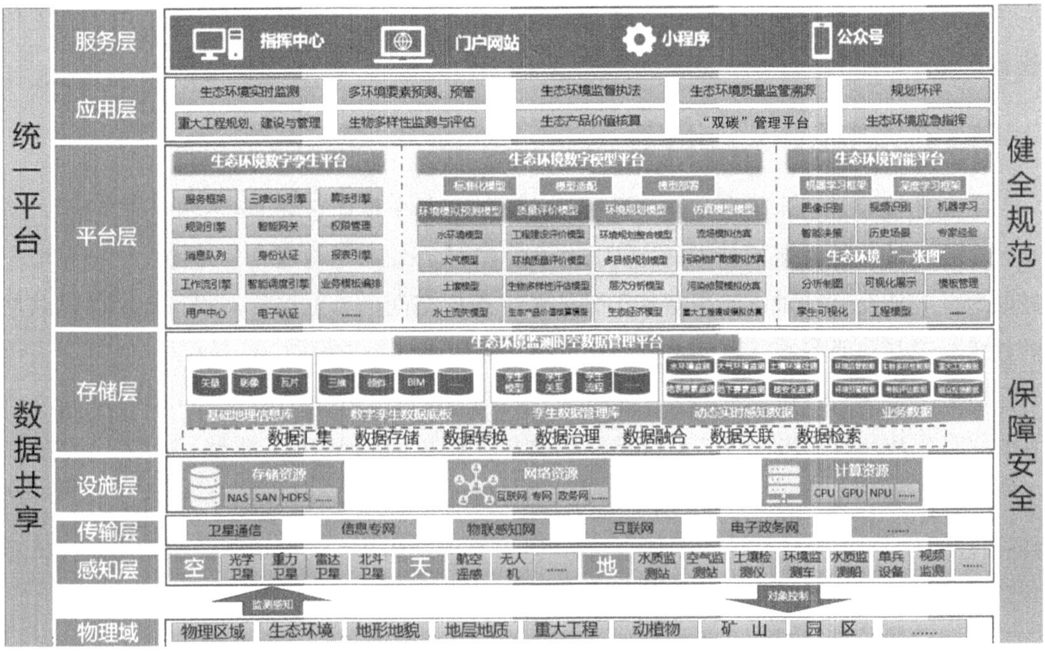

图 54 面向美丽中国的数字环境技术架构

海量数据通过传输层（卫星通信、物联网、政务网等）这座“信息高速公路”高速汇聚。随后，设施层提供了强大的计算（CPU/GPU/NPU）、存储和网络资源，为数据处理提供必需的“动力引擎”和“存储仓库”。

存储层则是整个架构的“数据中枢”，它对汇聚而来的多源异构数据进行转换、治理、融合与关联，形成包括基础地理信息、数字孪生底板、实时感知数据和管理业务数据在内的全要素数据库，共同构成生态环境监测时空数据管理平台，确保数据的完整性、准确性和可用性。

核心的平台层是系统的“智慧大脑”，它由四大平台组成：生态环境数字孪生平台提供基础的技术组件与服务（如三维 GIS 引擎、规则引擎、工作流），构建起数字虚拟空间的框架。生态环境数字模型平台搭载了各种专业模型（环境模拟、质量评价、规划分析、虚拟仿真），是进行科学模拟和预测研判的关键。生态环境智能平台引入人工智能（机器学习、深度学习框架），赋予系统图像识别、智能决策、知识挖掘等 AI 能力。生态环境“一张图”平台则实现了分析成果和孪生场景的可视化综合展示，提供直观的决策支持。

基于强大的平台能力，应用层面向各类具体业务场景，开发了包括实时监测、预测预警、规划管理、监督执法、价值核算、应急指挥等在内的丰富应用，将数据价值转化为实实在在的治理效能。

最终，所有功能通过服务层，以指挥中心大屏、门户网站、移动小程序等便捷形式，提供给管理者、企业和公众用户，实现多元共治与智慧服务，最终赋能美丽中国的宏伟建设。

7.2.1 生态环境数字孪生平台

生态环境数字孪生平台是整个数字架构的核心与中枢，它并非一个单一的应用，而是一个强大的、组件化的技术能力支撑平台。其核心使命是构建一个与物理生态环境全域映射、虚实交互并最终实现智能干预的数字虚拟空间，为上层各类智慧应用提供共性的技术、工具与服务支持。其主要功能可概括为以下几个方面。

（1）全要素数字化与三维可视化呈现

平台集成三维 GIS 引擎，对存储层中的各类数据（地形地貌、水体、大气、污染源、工程设施、动植物分布等）进行高精度、多维度的融合与可视化渲染，构建起一个沉浸式、可交互的“生态环境数字沙盘”。这使管理者能够超越二维地图和表格的局限，从宏观区域到微观点位，直观、立体地洞察生态系统的全貌与动态。

（2）业务逻辑与规则的核心驱动

平台内置的规则引擎和工作流引擎是关键智能组件。规则引擎允许用户自定义复杂的业务逻辑（如当 A 站点水质超标且上游 B 站点风速大于 X 时，自动触发 C 区域的预警），实现条件驱动的自动化响应。工作流引擎则能够将跨部门、跨层级的协同任务（如污染事件处置、项目审批）流程化、标准化，确保各项业务高效、规范运转。

（3）一体化服务集成与统一管理

平台作为服务框架，通过智能网关对外提供标准化的 API 接口，将底层数据、通用算法和功能模块封装成可灵活调用的微服务。同时，用户中心、身份认证与权限管理功能确保了所有访问和操作的安全可控，为不同角色的用户提供个性化的数据视图和应用权限，实现“一次开发，多处应用”，避免烟囱式系统建设。

（4）模拟仿真与智能调度推演

平台与下层的模型平台和智能平台紧密协同。其算法引擎和智能调度引擎能够调用专业的生态环境模型（如水动力水质模型、大气扩散模型）在数字空间中进行模拟仿真，预测未来不同情景下的环境变化趋势。同时，它也能对应急资源调配、工程调度方案等进行模拟推演，评估方案效果，为科学决策提供“试验场”，实现从“事后应对”到“事前预演”的转变。

（5）灵活可配置的业务敏捷构建

平台的业务模板编排和报表引擎功能，允许业务人员通过低代码或零代码的方式，快速配置生成专题应用界面、数据分析看板和定制化报表。这极大地提升了平台应对多变业务需求的敏捷性，无须重复开发即可快速响应新的管理需求。

生态环境数字孪生平台是赋能上层应用的“数字基座”。它将分散的技术组件、数据资源和模型算法整合为一个有机整体，通过提供强大的可视化、规则化、服务化和智能化核心能力，最终实现对整个物理生态环境的精准映射、深刻洞察、科学推演和智能干预，是美丽中国数字化治理体系的“操作系统”和“决策大脑”。

7.2.2　生态环境数字模型平台

生态环境数字模型平台是整个数字架构的“心脏”与“智慧引擎”。它超越了单纯的数据展示，专注于通过科学模型和算法来模拟、解析、预测和优化复杂的生态环境系统，为决策提供坚实的科学依据和量化支撑。其核心功能可概括为以下几个方面。

（1）全生命周期模型管理

平台提供一套完整的模型“仓库”与“工厂”功能。它支持对多学科、多类型的生态环境模型进行标准化接入（模型适配）、集中化管理、一体化部署和高效调用。这意味着从经典的水动力水质模型、大气扩散模型，到新兴的机器学习模型，都能在平台上被注册、版本控制、组合封装，并作为可调用的服务（Model as a Service）提供给上层应用，实现了模型资源的沉淀、共享和高效复用。

（2）多维度环境模拟与预测能力

这是平台最核心的价值体现，集成了覆盖水、气、土、生态等全要素的专业化模拟预测模型（如水环境模型、大气模型、土壤污染物迁移模型、水土流失模型等）。这些模型能够基于实时感知数据和历史数据，在数字空间中对复杂的环境过程进行高保真仿真，精准模拟污染物的扩散路径、预测未来一段时间的环境质量变化趋势，实现从“现状描述”到“未来预见”的跨越，为主动防控提供关键时间窗口。

（3）精准的评估与核算功能

平台内置各类质量评价与价值核算模型，为管理决策提供量化评估工具。例如：

①工程建设评价模型：可模拟重大工程对生态环境的潜在影响，支撑绿色规划和环评。

②环境质量评价模型：对区域生态环境健康状况进行综合“体检”和打分。

③生物多样性评估模型：量化评估物种栖息地质量及生物多样性变化。

④生态产品价值核算模型：将清新的空气、清洁的水源等“无价”的生态服务功能进行货币化核算，为生态补偿和“绿水青山”向“金山银山”转化提供定价依据。

（4）科学的规划与决策支持功能

平台提供环境规划与决策优化模型（如多目标规划模型、层次分析模型、生态经济模型），帮助管理者在多重目标（如经济发展、污染减排、生态保护）之间进行权衡与寻优。它能够模拟不同规划方案或政策情景下的长期环境经济效应，回答“如果……那么……”的问题，从而辅助制定科学、均衡、可持续的最优策略。

（5）动态仿真与情景推演

通过与生态环境数字孪生平台联动，平台的仿真模型（如流场模拟仿真、污染物扩散模拟仿真、生态修复过程仿真、重大工程建设模拟仿真）能够在三维虚拟环境中进行动态、可视化的推演。这就像一个“数字实验室”，决策者通过直观地看到一场化学泄漏事故的虚拟演变过程，或比较不同湿地修复方案的长期效果，从而在真实世界投入资源前，以极低的成本测试和优化行动方案，大幅降低决策风险。

生态环境数字模型平台是赋予整个系统“思考”和“预见”能力的关键。它将深厚的环境科学知识、行业知识和前沿的算法模型转化为易于调用的服务，驱动数字孪生从“静态镜像”走向“动态推演”，从“数据可视化”走向“决策科学化”，是美丽中国数字化治理体系中实现精准研判、智能决策和科学规划的核心动力源。

7.2.3 生态环境智能平台

生态环境智能平台是整个数字架构的“智慧大脑”与“价值萃取中心”。它位于模型平台之上，专注于利用人工智能（AI）技术，尤其是机器学习和深度学习，从海量数据中自动发现规律、提炼知识、生成洞察并赋能决策，推动生态环境治理从“模型驱动”向“数据与模型双驱动”的更高阶段演进。其核心功能可概括为以下几个方面。

（1）智能识别与感知增强

平台内置的机器学习与深度学习框架（如 TensorFlow、PyTorch）为海量非结构化数据提供了强大的分析能力。

①图像识别：自动识别卫星遥感、无人机航拍或地面监控视频中的特定目标，如违规建筑、非法排污口、森林火灾烟点、珍稀野生动物等，极大扩展了监测范围和效率。

②视频识别：对实时视频流进行智能分析，自动捕捉异常行为，如垃圾焚烧、秸秆焚烧、非法捕捞、入侵保护区等，并即时告警。

③声纹识别：通过分析环境音频数据，识别特定物种（如鸟类、两栖动物）的叫声，进行生物多样性监测，或识别异常噪声（如工业偷排、设备故障）。

（2）智能预测与趋势研判

平台超越传统模型的物理机制限制，通过数据驱动发现复杂非线性关系。

①智能预测：融合多源数据（气象、污染源、实时监测数据），利用时序预测模型（如 LSTM）对未来短、中期的环境质量（如 AQI、水质指标）进行更高精度的预测。

②趋势研判：基于历史大数据，智能挖掘环境质量变化的长期趋势和潜在规律，识别主导影响因素，为战略规划提供支持。

（3）智能决策与优化调控

平台将 AI 与领域知识结合，为复杂决策问题提供最优解。

①智能决策：构建决策支持模型，例如，在发生突发污染事件时，平台能基于实时气象水文数据、扩散模型和 AI 算法，快速模拟多个应急处理方案（如关闭哪些闸坝、调度哪些资源），并推荐综合成本最低、效率最高的处置方案。

②优化调控：对复杂系统进行智能优化，例如，为整个城市的污水处理厂群制定最优协同运行方案，或为园区规划能耗最低、污染最小的生产调度计划，实现“双碳”目标下的精准调控。

（4）知识发现与经验固化

平台具备从数据中自我学习和知识沉淀的能力。

①历史场景挖掘：自动回溯和分析历史上重大环境事件（如藻华、重污染天气）的全过程数据，挖掘事件发生的前兆特征和演变规律，形成“历史场景库”，为未来类似事件的早期识别提供参考。

②专家经验融合：将领域专家的经验和知识规则化、代码化，嵌入 AI 模型，或与机器学习结果进行比对校验，形成“人在回路的智能”，让 AI 决策更具可信度和可解释性。

（5）异常诊断与根因溯源

平台能够主动发现问题并探究其本质原因。

①异常诊断：当某个监测点位数据异常时，平台能自动关联分析上下游点位、污染源在线监控、企业生产数据等，快速锁定最可能的异常来源，并将诊断结果推送给执法人员，指导其进行精准现场核查。

②根因溯源：基于图谱分析等 AI 技术，梳理“污染源—排放—传输—浓度”之间的复杂关联网络，对区域性的环境问题（如臭氧超标）进行多因素贡献解析和根源追溯。

生态环境智能平台是驱动整个系统从“信息化”迈向“智能化”的核心引擎。它通过释放人工智能的巨大潜力，赋予了系统“看见”未看见模式（unseen pattern）、“预见”未来趋势（future trends）、“洞见”根本原因（root causes）和“智慧决策”的能力，最终实现生态环境治理的主动性、预见性和精准性，是美丽中国数字化治理体系实现“智慧赋能”的终极体现。

7.2.4 生态环境“一张图”平台

生态环境“一张图”平台是整个数字架构的“决策驾驶舱”与“统一作战视图”。它是所有数据、模型和智能分析成果的集中可视化呈现端和交互门户，其核心使命是将复杂的生态环境信息转化为直观、易懂、可操作的图形和图像，为不同层级的用户提供统一的空间认知和决策支持。其核心功能可概括为以下几个方面。

（1）综合态势“一屏通览”

平台作为统一的可视化入口，能够基于三维数字孪生底板，将分散在不同系统、不同部门的生态环境要素（空气、水、土壤、生态、污染源、风险源、保护地、工程项目等）进行一体化、空间化的集成展示。用户无须切换多个系统，即可在一个屏幕上纵览全域生态环境的整体态势、空间分布和实时状态，实现“一图感知全局”，彻底打破“信息孤岛”。

（2）多维数据“时空穿透”

平台提供强大的交互式分析制图能力，支持用户对任意区域、任意要素进行多维度、多时空尺度的穿透式查询与分析。用户可以通过时间轴滑动，回溯历史环境演变过程；可以圈选特定区域，进行对比分析；可以点击单个污染源，查看实时监控数据、许可信息、执法记录等。这种“时空穿透”能力使数据从静态记录变为可动态挖掘的知识。

（3）分析成果“直观呈现”

平台是下层各类专业模型和智能算法成果的终极展示窗口。无论是模型平台输出的污染扩散模拟结果、水质预测预报，还是智能平台识别的异常告警事件、溯源分析结论，都能通过平台提供的孪生可视化功能，以热力图、等值线、动态粒子、三维动画等丰富的形式，叠加在数字地图上进行直观、逼真的渲染，让抽象的数据和分析结果“活起来”，变得一目了然。

（4）业务应用“挂图作战”

平台直接支撑上层应用层的各项业务，实现“看得清才能管得好”。

①规划与环评：可在“图”上叠加规划方案，模拟评估其对生态环境的影响。

②监督执法：执法人员可通过“图”快速定位问题点位，导航至现场，实现精准执法。

③应急指挥：发生突发事件时，应急资源分布、风险受体、实时气象水文、处置队伍位置等信息全部“上图”，形成指挥“一张图”，支撑高效协同调度。

④工程管理：重大环保工程的建设进度、运行效果可在“图”上进行全程跟踪和可视化管控。

（5）多端发布与协同共享

平台具备强大的模板管理和多端发布能力。可以根据不同用户角色（如省级决策者、市级管理员、现场巡查员）的需求，快速定制生成个性化的专题应用“一张图”和仪表盘（Dashboard）。这些“图”不仅可以在指挥中心的大屏幕上展示，还能通过 PC 端、移动 App、微信小程序等多种渠道发布，实现“一图多端”，满足室内会商和现场办公的不同场景需求，极大地促进了跨部门、跨层级的业务协同和信息共享。

生态环境“一张图”平台是连接复杂技术后台与用户前端应用的“桥梁”。它化繁为简，将强大的数据、模型和AI能力转化为直观的视觉语言，实现了生态环境治理的可视化、可操作和可协同，是最终赋能各级用户实现“心中有数、决策有据、管理有图”的综合性指挥与决策平台。

7.3 基于美丽中国的数字环境应用设计

生态环境数字化应用层通过集成实时监测、智能预测预警、精准执法、科学评估与应急响应等多种功能，显著提升了环境治理的精准性、协同性和效率。它使治理模式从过去的被动响应、人力密集型，向主动预见、数据驱动、智能协同转变，为美丽中国建设提供了强大的技术支撑。

7.3.1 数字环境应用场景全景

7.3.1.1 生态环境实时监测应用场景

随着我国生态文明建设的深入推进，传统环境监测手段已难以满足现代化生态环境治理的需求。生态环境实时监测应用场景的建设，成为提升环境监管效能、实现精准治污的必然选择。该场景依托物联网、大数据、人工智能等先进技术，构建起全域覆盖、全时响应、多维感知的智能监测体系，为生态环境管理提供坚实的数据支撑和决策依据。

生态环境实时监测的必要性主要体现在3个方面：一是环境污染具有扩散速度快、影响范围广的特点，需要实时掌握环境质量变化趋势，实现从被动应对到主动防控的转变；二是传统人工采样和实验室分析方式存在监测频次低、数据滞后等局限性，难以满足现代化环境监管的实时性要求；三是随着环境治理对象的多元化和复杂化，需要建立多要素、多维度的一体化监测体系，实现生态环境质量的全面感知和综合评估。

在应用功能方面，生态环境实时监测系统通过“空天地一体化”感知网络，实现对大气、水、土壤、噪声等环境要素的全方位监控。系统采用智能传感设备、无人机航巡和卫星遥感等技术手段，对$PM_{2.5}$、臭氧等大气污染物，COD、氨氮等水环境参数，土壤重金属含量以及生态指数等关键指标进行高频采集和连续传输。监测数据通过物联网与专用网络实时回传至云平台，经过数据清洗、融合和分析后，在数字孪生平台上进行可视化展示和智能分析。

系统具备智能预警和溯源分析功能，能够自动识别监测指标的异常变化，及时发出预警信息，指导监管人员开展 targeted 现场核查与干预。同时，通过对多源监测数据的关联分析，系统可以精准追溯污染来源，为环境执法和污染治理提供科学依据。此外，系统还支持历史数据回溯和趋势预测，有助于管理人员掌握环境质量变化规律，制定科学有效的环境治理措施。

生态环境实时监测场景的应用，实现了环境监管从传统人工模式向智能化、精准化模式的转变，显著提升了环境监测的时效性和准确性，为构建现代环境治理体系提供了重要技术支撑。未来，随着5G、量子计算等新技术的进一步发展，生态环境实时监测将向着更高精度、更快响应、更智能分析的方向持续演进，为美丽中国建设提供更加有力的科技保障。

7.3.1.2 生态环境重大工程规划、建设与管理应用场景

在全面推进美丽中国建设的背景下，生态环境重大工程作为落实生态环保目标的关键载体，其规划、建设与管理环节的数字化转型升级显得尤为重要。传统工程项目管理模式存在信息碎片化、过程不透明、协同效率低、监管滞后等痛点，难以适应现代生态环境治理体系的要求。构建数字化驱动的重大工程全生命周期管理应用场景，已成为提升工程效能、保障实施质量、优化资源配置的必然选择。

该应用场景的必要性主要体现在3个方面：首先，生态环境工程往往具有规模大、周期长、技术复杂、参与方多的特点，需要通过数字化手段加强全过程协同和精细化管理；其次，工程实施效果直接关系到区域环境质量改善和生态系统功能提升，需要建立科学的评估和预警机制；最后，传统管理模式难以实现工程进度、质量、投资、环保等多目标统筹优化，需要借助数字技术提升决策科学化水平。

在应用功能方面，该系统构建了贯穿工程全生命周期的数字化管理体系。在规划阶段，基于生态环境“一张图”平台，融合区域环境本底数据、生态保护红线、环境承载力等空间信息，运用多目标规划模型、环境模拟预测算法等数字化工具，对工程选址、规模、工艺方案进行比选优化，确保规划方案的科学性和可行性。

在建设阶段，通过构建工程数字孪生模型，集成BIM、GIS技术，实现施工进度、质量、安全、环保等要素的数字化管控。利用物联网感知设备对施工现场的扬尘、噪声、废水等环境指标进行实时监测；通过视频智能分析技术自动识别违规施工行为；借助无人机航拍进行工程进度复核和土方量测算，形成“线上+线下”协同监管模式。

在运营管理阶段，建立工程效能数字化评估体系，通过接入各类监测设备，实时采集工程运行数据和环境效益数据，运用大数据分析技术评估工程运行效果。同时构建预测性维护模型，基于设备运行状态监测数据，提前发现潜在的故障并生成维护方案，保障工程设施长期稳定运行。

该应用场景还具备多方协同管理功能，通过建设统一的工程管理平台，为政府部门、建设单位、监理单位、施工企业等参与方提供协同工作环境，实现项目审批、设计变更、质量验收等环节的线上办理和全过程留痕，大幅提升协作效率。同时建立基于区块链技术的工程质量溯源体系，确保关键环节数据的真实性和不可篡改性。

通过数字化应用场景的实施，实现了生态环境重大工程从传统管理向智慧管理的转变：在决策层面，提高了项目规划的科学性和精准性；在实施层面，增强了过程监管的时效性和有效性；在评估层面，提升了绩效评价的客观性和全面性。最终形成“前期科学决策、过程精准管控、后期持续优化”的良性循环，为生态环境重大工程的高质量实施提供了全方位技术保障，显著提升了政府投资效益和环境治理成效。

7.3.1.3 生态环境多环境要素预测、预警应用场景

在当前复杂多变的环境形势下，生态环境治理正面临从末端治理向源头预防、从事后应对向事前预警的重要转型。生态环境多环境要素预测、预警应用场景的建设，成为提升环境风险管理水平、实现精准化防控的关键举措。该场景通过整合多源环境数据，运用先进的环境模型和人工智能技术，构建起全方位、多维度、智能化的环境预测预警体系，为生态环境管理提供前瞻性的决策支持。

生态环境多环境要素预测、预警的必要性主要体现在 3 个方面：首先，环境污染问题具有系统性、复杂性和跨介质传输的特点，单一要素的监测已无法满足综合治理的需求，需要建立多环境要素协同预测的机制；其次，环境突发事件往往发展迅速、影响深远，需要通过预警系统争取应急处置的宝贵时间窗口，最大限度地降低环境风险；最后，随着气候变化影响的加剧和新型污染物的出现，环境系统的不确定性显著增加，必须依靠先进的预测模型来应对日益复杂的环境挑战。

在应用功能方面，多环境要素预测、预警系统通过整合大气、水、土壤、生态等多维度监测数据，构建起综合性的环境预测、预警平台。系统采用环境数值模型、机器学习算法和大数据分析技术，实现对大气污染物扩散、水质变化趋势、土壤污染迁移、生态质量演变等多环境要素的精准预测。基于数字孪生技术，系统能够模拟不同情景下的环境演变过程，预测未来一段时间内环境质量的变化趋势，为环境管理提供科学依据。

系统具备多级预警和智能研判功能，建立分级分类的预警指标体系，根据预测结果的严重程度和影响范围，自动触发不同级别的预警响应。预警信息通过多渠道快速传达至相关管理部门和公众，指导采取针对性的防控措施。同时，系统支持溯源分析和责任认定，通过对污染传输路径的模拟和溯源，精准识别主要污染来源和责任主体，为环境执法提供技术支撑。此外，系统还提供应急预案生成和处置方案优化功能，根据预测结果自动生成最优处置方案，提升应急响应的科学性和有效性。

生态环境多环境要素预测、预警场景的应用，实现了环境管理从被动响应向主动预测、预警的重要转变，显著提升了环境风险防控的精准性和时效性。该系统不仅为环境管理部门提供了科学的决策工具，也为公众参与环境保护提供了有效渠道。未来，随着模型算法的持续优化和计算能力的不断提升，环境预测、预警将向着更精准、更快速、更智能的方向发展，为构建现代环境治理体系提供强有力的技术支撑，最终实现生态环

境质量的根本改善和美丽中国建设目标的顺利达成。

7.3.2 生物多样性监测与评估应用场景

在全球生物多样性丧失加剧的背景下，构建现代化的生物多样性监测与评估体系已成为维护生态安全、实施科学保护的重要基础。生物多样性监测与评估应用场景通过集成先进感知技术、人工智能分析和多维数据融合，实现对物种、基因和生态系统 3 个层次生物多样性的全面认知和科学评估，为生物多样性保护与可持续利用提供关键技术支撑。

生物多样性监测与评估的必要性主要体现在 3 个方面：首先，生物多样性具有空间分布广泛、时间动态变化的特点，传统野外调查方法存在覆盖面有限、周期长、成本高等问题，难以满足大范围、高频次的监测需求；其次，生物多样性丧失往往具有不可逆性，需要建立早期预警机制，及时发现物种衰退和生态系统退化趋势；最后，随着生物多样性保护工作的深入，需要建立定量化评估体系，准确衡量保护成效，为生态补偿、自然资产核算等政策提供科学依据。

在应用功能方面，生物多样性监测与评估系统构建了“空天地一体化”的立体监测网络。系统综合利用卫星遥感、无人机航拍、红外相机、声学监测设备、环境 DNA 等现代技术手段，对物种分布、种群数量、群落结构、生态系统格局等关键指标进行长期动态监测。通过高分辨率遥感影像，系统能够宏观把控生态系统分布与变化趋势；借助布设于保护区内的红外相机网络，实现对野生动物活动的全天候监测；采用声学监测设备，对鸟类、两栖类等发声物种进行自动识别和记录；运用环境 DNA 技术，通过水样或土壤样本分析快速获取物种存在信息。

系统具备强大的数据整合与分析能力。监测数据通过无线传输网络实时汇聚至中心平台，经过数据清洗、标准化处理后，建立生物多样性本底数据库。基于人工智能技术，系统能够自动识别影像和声音数据中的物种信息，大幅提升数据处理效率。通过构建物种分布模型、生态系统健康评价模型和生物多样性预警模型，系统可对生物多样性现状进行精准评估，预测未来变化趋势，并及时发出预警信息。

系统还提供综合评估与决策支持功能。通过开发生物多样性指数评价体系，定量评估区域生物多样性状况和保护成效；建立生物多样性价值核算模型，量化生态系统的服务功能和经济价值；构建保护优先区识别模型，科学划定生物多样性保护重点区域。这些功能为自然保护区规划、生态修复工程实施、生物资源可持续利用等提供科学依据，支持管理者制定精准的保护策略和措施。

生物多样性监测与评估场景的应用，实现了从传统人工调查到智能化、自动化监测的转变，从单一物种监测到多维度综合评估的升级，显著提升了生物多样性保护的精准性和有效性。随着传感器技术、人工智能算法和大数据分析的不断发展，生物多样性监测与评估将向着更智能、更精准、更高效的方向演进，为构建人与自然和谐共生的美丽中国提供重要科技支撑。

7.3.3 生态环境监督执法应用场景

在当前生态环境治理体系现代化建设过程中，传统执法模式面临执法效率低、覆盖范围有限、证据获取难等多重挑战。生态环境监督执法应用场景的建设，通过深度融合数字技术，构建起智能感知、精准溯源、高效协同的现代化执法体系，大幅提升了环境执法的效能和规范化水平。

生态环境监督执法的数字化转型必要性主要体现在 3 个方面：一是环境违法行为日趋隐蔽化和复杂化，传统依靠群众举报和人工巡查的方式难以实现全面有效监管；二是环境执法涉及多部门协作，需要打破数据壁垒，建立协同联动的工作机制；三是执法过程的规范性和透明度要求越来越高，需要借助技术手段实现全程留痕和阳光执法。

在应用功能方面，生态环境监督执法系统依托“空天地一体化”监测网络，构建了立体化执法感知体系。系统通过高清视频监控、无人机自动巡飞、卫星遥感监测、用能用电监控等多元技术手段，实现对重点区域、重点企业的全天候智能监控。智能识别算法可自动识别异常排污、非法倾倒、秸秆焚烧等违法行为，并实时推送预警信息至执法人员的移动终端。

系统建立了完善的非现场执法流程，通过在线监测、视频监控、大数据分析等科技手段，实现违法证据的自动采集和固定。执法人员可通过移动执法 App 实时查询企业环保档案、历史违法记录、排污许可等信息，实现“一企一档”精准执法。同时，系统支持线上制作询问笔录、开具电子罚单、全程音像记录，确保执法过程规范透明。

在协同执法方面，系统构建了跨部门联动机制，实现生态环境、公安、检察、法院等多部门数据共享和业务协同。通过建立执法任务自动分发、处理进度实时跟踪、整改结果在线反馈的闭环管理机制，大幅提升跨部门执法协作效率。此外，系统还开通了公众举报渠道，支持通过微信小程序、App 等多种方式便捷举报环境违法行为，形成社会共治格局。

系统还创新性地引入企业环境信用评价体系，基于执法检查结果、整改情况、违法行为等数据，对企业进行动态信用评级和分类监管。对信用良好的企业减少检查频次，对失信企业实施重点监管，实现差异化精准执法，引导企业自觉守法。

生态环境监督执法场景的应用，实现了执法模式从“人海战术”向“科技赋能”、从“被动响应”向“主动发现”、从“单一执法”向“多元共治”的深刻转变。通过数字化手段，不仅大幅提高了执法效率和精准度，也增强了执法的规范性和公信力，为构建现代环境治理体系提供了重要支撑。未来，随着人工智能、区块链等技术的进一步应用，生态环境执法将向着更加智能化、精准化、规范化的方向持续发展。

7.3.4 生态产品价值核算应用场景

在推动生态文明建设和实现高质量发展的背景下，生态产品价值核算已成为连接生态环境保护与经济社会发展的重要桥梁。这一应用场景通过建立科学合理的量化评估体系，将清新的空气、清洁的水源、丰富的生物多样性等原本“无价”的生态服务功能转化为可衡量、可比较的经济价值，为生态补偿、绿色金融等政策创新提供关键依据，真正实现“绿水青山就是金山银山”的价值转化。

生态产品价值核算的必要性主要体现在 3 个方面：一是传统国民经济核算体系未能充分体现生态系统的贡献，导致生态价值被低估甚至忽视，需要通过价值核算弥补这一缺陷；二是随着生态补偿、绿色金融等政策的深入推进，亟须建立科学的生态价值评估体系，为生态保护补偿标准的制定提供量化依据；三是在推动区域绿色发展过程中，需要通过生态产品价值核算准确识别生态优势，将生态资源转化为经济发展优势，探索生态产业化路径。

在应用功能方面，生态产品价值核算系统通过构建多层级指标体系，对生态物质产品、调节服务和文化服务三大类生态产品进行全方位价值评估。系统综合运用遥感监测、地面调查、社会统计等多源数据，采用生态系统生产总值（GEP）核算方法，对水源涵养、土壤保持、固碳释氧、空气净化、气候调节等调节服务价值，以及生态旅游、景观价值等文化服务价值进行精准量化。同时，系统还建立生态产品价值实现评估模块，对生态补偿、生态权益交易、生态产业化等价值实现路径的效果进行跟踪评估。

该系统具备多源数据融合与分析功能，能够整合自然资源、生态环境、社会经济等领域的海量数据，通过人工智能算法挖掘生态系统的服务价值及其变化规律。系统支持空间可视化展示，通过“生态价值一张图”直观呈现不同区域生态产品价值的空间分布特征，为生态功能区划和生态保护红线管控提供科学依据。此外，系统还提供生态价值变化预测功能，通过构建生态经济耦合模型，模拟不同发展情景下的生态价值演变趋势，为区域绿色发展决策提供支持。

生态产品价值核算场景的应用，实现了从定性描述到定量评估的转变，为建立健全生态保护补偿制度、完善绿色金融体系、推动生态产业创新发展提供了重要支撑。通过准确量化生态产品的价值，不仅提升了社会各界对生态价值的认知，也为探索生态产品价值实现路径、创新绿色发展模式提供了科学依据，最终推动形成生态环境保护与经济社会发展相互促进的良性循环格局。

7.3.5 生态环境质量监管溯源应用场景

在当前生态环境治理向精细化、智能化转型的背景下，生态环境质量监管溯源应用场景的建设已成为提升环境治理现代化水平的关键环节。该场景通过整合先进的信息技术和数据分析方法，构建起全方位、多层次的监管溯源体系，为实现精准治污、科学施策提供了重要的技术支撑和机制保障。

生态环境质量监管溯源的必要性主要体现在 3 个方面：首先，环境污染问题具有复杂性、隐蔽性和跨域性特征，传统的监管方式难以快速准确地锁定污染源头；其次，随着环境保护要求的不断提高，需要建立更加精准的责任认定和追究机制，实现对环境污染问题的全过程监管；最后，环境治理决策要基于多源数据的关联分析和深度挖掘，以便制定出更加科学、有效的治理措施。

在应用功能方面，生态环境质量监管溯源系统通过构建“空天地一体化”监测网络，整合实时监测数据、历史环境数据、污染源档案等多源信息，建立全过程、全覆盖的数据采集体系。系统利用大数据分析和人工智能技术，开发了智能溯源算法模型，能够通过对污染物特征指纹、扩散路径、时空分布等要素的综合分析，快速、准确地识别污染来源和责任主体。同时，系统还建立了污染源电子档案库，实现对重点污染源的全生命周期管理，包括企业基本信息、排污许可、监测数据、执法记录等内容的数字化管理。

该系统具备多重功能特点：一是实现了污染溯源的可视化展示，通过数字孪生技术将污染扩散路径、影响范围等信息进行立体化呈现；二是建立了智能预警机制，当发现异常排污行为或环境质量恶化时，系统可自动启动溯源程序；三是提供了协同执法支持，通过移动执法终端实现现场取证、数据比对、责任认定等功能的集成应用；四是支持治理效果评估，能够对治理措施的实施效果进行量化评估和动态优化。

生态环境质量监管溯源场景的应用，实现了环境监管从末端治理向全过程管理的转变，从粗放式管理向精准化监管的升级。该系统不仅提高了环境违法行为的发现率和查处效率，还建立了完善的环境责任追溯体系，为实施精准治污、推动企业自律提供了强有力的技术保障。随着区块链等新技术的应用，生态环境质量监管溯源系统将进一步提升数据的可信度和追溯的精准性，为构建现代环境治理体系提供更加坚实的技术基础。

7.3.6 “双碳”管理应用场景

在全球气候变化加剧和我国“双碳”目标深入推进的背景下，构建科学精准的“双碳”管理体系已成为推动经济社会绿色转型的必然要求。“双碳”管理应用场景依托数字化技术，构建起覆盖碳排放监测、核算、预测、调控全流程的智能化管理体系，为区域和企业实现碳达峰、碳中和目标提供全方位技术支撑。

“双碳”管理应用场景建设的必要性主要体现在3个方面：首先，传统碳排放统计主要依靠宏观能源数据推算，存在核算周期长、精度低、溯源难等问题，难以满足精准碳管理的需求；其次，实现“双碳”目标需要统筹经济发展与减排降碳，必须建立科学的碳排放预测预警机制，为产业布局和能源结构调整提供决策依据；最后，随着全国碳市场建设的深入推进，需要建立透明可信的碳数据管理体系，保障碳交易的公平性和有效性。

在应用功能方面，“双碳”管理场景通过构建“端-边-云”协同的碳监测体系，在重点排放企业安装在线监测设备，实时采集生产过程中的能源消耗和碳排放数据。系统整合电力、燃气、交通等多源数据，结合遥感监测和大气反演技术，构建区域碳排放清单，实现碳排放的“空间可视化”和“时间连续化”。依托大数据分析和人工智能算法，系统能够对企业、园区、区域等不同层级的碳排放情况进行精准核算和动态更新。

系统具备碳排放在线预测和智能预警功能，基于历史碳排放数据、经济发展趋势和能源结构变化，建立碳排放预测模型，对不同情景下的碳排放趋势进行模拟分析。当监测到碳排放异常或超出预警阈值时，系统会自动触发预警机制，向管理人员发送预警信息。同时，系统还提供减排路径规划和效果评估功能，通过数字孪生技术模拟不同减排措施的实施效果，为制定科学合理的碳达峰、碳中和路径提供支持。

“双碳”管理场景还创新性地引入区块链技术，确保碳数据的真实性和可追溯性，为碳交易、碳金融等市场化机制提供技术保障。通过建立企业碳账户体系，将碳排放数据与企业生产计划智能联动，实现“以碳定产”的精准调控。此外，系统还支持碳足迹追溯功能，对产品和服务的全生命周期碳排放进行量化评估，为绿色消费和供应链碳管理提供数据支撑。

“双碳”管理应用场景的实施，实现了从传统粗放式碳管理向精细化、智能化管理的转变，显著提升了碳排放监测的准确性和时效性，为政府制定碳减排政策、企业开展碳资产管理提供了科学依据和技术手段。随着物联网、区块链等技术的深度融合，“双碳”管理将向着更加精准、透明、高效的方向发展，为我国实现“双碳”目标提供强有力的数字化支撑。

7.3.7 规划环评应用场景

在生态文明建设和高质量发展理念深入实施的背景下，规划环评已成为从源头预防环境污染和生态破坏的关键制度保障。规划环评应用场景通过数字化、智能化技术手段，在规划编制阶段即开展生态环境影响综合评价，为国土空间布局、产业结构和资源配置提供科学依据，有效促进经济社会发展与生态环境保护相协调。

规划环评的必要性主要体现在 3 个方面：一是传统的项目环评处于决策链末端，难以从宏观层面优化空间布局和产业结构布局；二是各类规划实施可能产生累积性、复合性环境影响，需要通过系统评估提前识别和规避环境风险；三是在碳达峰碳中和目标背景下，需要将碳排放评价和生态保护要求纳入规划决策全过程，推动绿色低碳转型。

在应用功能方面，规划环评系统构建了多维度评估体系。系统集成地理信息系统、环境质量模型和大数据分析技术，建立规划环评数字平台，支持对各类规划方案进行生态环境影响模拟预测。通过接入生态环境监测网络和资源环境承载能力数据，系统能够对规划区域的大气环境、水环境、生态环境等进行综合评估，识别敏感保护目标和环境制约因素。系统还提供规划方案优化功能，通过多情景比对分析，自动生成空间布局优化建议、产业准入负面清单和生态环境保护要求。

系统具备智能决策支持功能，能够对规划方案的生态适宜性、环境承载力符合度、碳排放强度等指标进行量化评估，为规划审批提供科学依据。同时，系统建立规划实施跟踪评估机制，通过定期遥感监测和现场核查，动态监控规划实施过程中的生态环境变化，及时发现和纠正偏差。此外，系统还支持公众参与和协同评审，通过在线平台征求各方意见，提高规划环评的透明度和公信力。

规划环评场景的应用，实现了从项目层面评估向战略层面评估的跨越，从事后治理向源头预防的转变，显著提升了规划编制的科学性和生态环境友好性。该系统为构建绿色低碳循环发展的经济体系提供了重要技术支撑，推动形成节约资源和保护环境的空间格局、产业结构和发展方式。随着数字孪生、人工智能等技术的深度应用，规划环评将向着更精准、更智能、更协同的方向发展，为美丽中国建设提供更加有力的制度保障和技术支撑。

7.3.8 生态环境应急指挥应用场景

在当前环境风险隐患多元化和复杂化的背景下，构建高效、科学的生态环境应急指挥体系已成为提升突发环境事件应对能力的关键举措。生态环境应急指挥应用场景利用数字化、智能化技术，构建起统一指挥、快速响应、多方协同的现代化应急处突体系，显著提升了对突发环境事件的应急处置效能。

生态环境应急指挥的必要性主要体现在 3 个方面：一是突发环境事件具有突发性、扩散性和危害性等特点，需要建立快速响应的应急机制，最大限度地减少环境污染损失和生态破坏；二是传统应急模式存在信息不对称、资源调度效率低、跨部门协同不畅等痛点，难以满足复杂环境事件的处置需求；三是环境应急工作涉及监测预警、决策支持、资源调度、损害评估等多个环节，需要建立系统化的应急指挥体系，实现全流程数字化管理。

在应用功能方面，生态环境应急指挥系统通过整合“空天地一体化”监测网络、应急资源数据库和多元通信手段，构建了全方位的应急指挥平台。系统具备智能预警功能，通过实时监测网络自动识别环境异常指标，结合人工智能算法研判事件等级和发展趋势，实现早期预警和快速响应。在应急响应阶段，系统依托数字孪生技术构建事件情景模型，通过多维度数据融合分析，模拟推演事件发展态势，为指挥决策提供科学依据。

系统建立智能调度机制，集成应急资源数据库，实时显示应急队伍、处置物资、监测设备的分布情况和可用状态，根据事件类型和等级自动生成最优资源调度方案。同时，系统支持建立跨部门协同指挥平台，通过视频会商、移动终端等工具，实现生态环境、水利、气象、交通等多部门实时联动，确保应急指令快速传达和高效执行。

在事后评估阶段，系统具备损害评估功能，通过采集现场监测数据、影像资料等信息，定量评估事件造成的生态环境损害，生成详细的应急处置评估报告，为后续生态修复和责任追究提供依据。此外，系统还建立了典型案例库和应急演练平台，通过历史事件复盘和虚拟演练，不断提升应急处置能力。

生态环境应急指挥场景的应用，实现了从传统经验型应急向现代智能化应急的转变，构建了“监测预警—决策支持—资源调度—协同处置—损害评估”的全流程应急管理体系。该场景不仅提升了突发环境事件的处置效率，还通过事前预防和事后评估的闭环管理，显著增强了生态环境风险防控能力，为维护生态环境安全提供了重要保障。随着人工智能、数字孪生等技术的深度应用，生态环境应急指挥将向着更加智能化、精准化的方向发展，为建设安全、可靠的生态环境提供坚实的支撑。

7.4 数字化赋能美丽中国建设

在生态文明建设和数字中国战略的双重推动下，我国环境治理体系正经历着从传统模式向数字化、智能化的深刻转型。这一转型既是落实国家生态文明建设战略的必然要求，也是应对复杂环境挑战的现实需要，更是提升环境治理效能的必由之路。通过对现代化环境治理数字化需求背景、核心需求方向以及多元应用场景的系统分析，可以清晰地看到数字化技术正在全方位重塑生态环境治理的各个环节。

从政策驱动和现实挑战来看，美丽中国建设和“十四五”规划中数字化与绿色化协同发展的战略部署，为环境治理数字化转型提供了顶层设计指引。同时，跨区域污染、生态退化等复杂环境问题，以及传统治理模式存在的数据孤岛、响应滞后等局限性，都迫切需要数字化技术提供创新解决方案。物联网、5G、人工智能、区块链等新一代信息技术的快速发展，为破解这些难题提供了全新的技术支撑。

数字化环境治理的核心需求呈现四个关键维度：全域监测、智能感知、智慧治理和科学决策。全域监测体系通过卫星遥感、物联网、无人机等技术实现环境数据的高精度、实时化、全覆盖采集；智能感知技术推动治理从简单数据分析向深度认知转变；智慧治理模式促进跨部门协同和主动防控；科学决策方式基于大数据模型实现从经验判断向数据驱动的转变。这些变革共同构成了现代环境治理体系的技术框架。

在具体应用场景方面，数字化技术已深度融入生态环境治理的各个领域。环境监测与污染防控实现了从静态采样向动态追踪的转变；生态保护与修复借助 GIS、生态大数据分析等技术提升了精准性；绿色低碳发展通过碳足迹追踪、智慧能源管理等手段加速推进；城乡生态协同治理构建起“城市智慧化、农村数字化、流域系统化”的新模式。特别值得关注的是生态产品价值实现的数字化探索，通过遥感、大数据等技术开展生态产品调查监测、核算评估和交易流转，为“绿水青山”转化为“金山银山”提供了创新路径。

浙江省“生态环境大脑”等实践案例表明，数字化治理已取得显著成效。通过构建统一数据底座、智能协同中枢和多跨应用场景，实现了生态环境治理的流程再造和系统重塑。这些探索为全国生态环境数字化治理提供了宝贵经验。

展望未来，美丽中国数字化治理体系建设仍需在多个方面持续发力：一是要健全空天地立体智能感知网络和全国生态环境数据“一张图”，打破数据壁垒；二是要加强数据价值挖掘算法研发，提升智能分析能力；三是要推动数字技术深度嵌入环境治理全过程，拓展应用场景；四是要完善政策保障体系，培养复合型人才，加大创新投入。

数字化与绿色化的深度融合已成为生态文明建设的重要趋势。随着 5G、人工智能、量子计算等技术的进一步发展，数字化必将在生态环境监测精度、污染预警速度、生态修复效率等方面实现更大突破。但需要强调的是，技术创新必须与制度创新、管理创新协同推进，才能真正构建起高效、智慧、可持续的生态环境治理新格局，为建设人与自然和谐共生的现代化提供强劲动能，最终实现美丽中国的宏伟目标。

参考文献

[1] 李全喜. 利用数字技术加快推进美丽中国建设[J]. 国家治理，2024（17）：76-80.

[2] 黄守宏. 生态文明建设是关乎中华民族永续发展的根本大计[N]. 人民日报，2021-12-14（09）.

[3] 蓝强. 推进生态环境治理体系现代化[J]. 人民论坛，2025（7）：49-51.

[4] 刘海霞，李晓嫚. 数字化赋能美丽中国建设的现实之困与纾解之策[J]. 北京邮电大学学报（社会科学版），2025，27（1）：84-91.

[5] 赵林，邢国栋，乔治. 以大数据应用为推手加快生态文明建设进程——生态文明建设中生态环境大数据应用的新思考[J]. 信息系统工程，2024（8）：4-7.

[6] 林福. 基于多源遥感数据的森林资源动态监测技术研究[J]. 中国林业产业，2025（5）：61-62.

8 美丽中国数字化转型的建议

8.1 美丽中国相关数字化政策情况

8.1.1 国家战略层面的政策支持

当前，我国正处于生态文明建设与数字中国战略协同推进的关键时期，数字化技术在生态环境治理中的应用已从局部探索走向全面深化。随着“数字中国”与“美丽中国”两大国家战略的有机融合，以及新型基础设施（5G、物联网、数据中心等）建设的加速布局，生态环境治理数字化转型迎来了前所未有的政策机遇和发展空间。深入剖析现有数字化政策优势，对于加快美丽中国建设具有重要的战略意义和实践价值[1]。

在国家战略层面，“数字中国”与“美丽中国”建设的协同推进为生态环境数字化转型提供了顶层设计保障。党的十八大以来，党中央将生态文明建设纳入“五位一体”总体布局，把“美丽中国”作为生态文明建设的宏伟目标[2]。与此同时，《数字中国建设整体布局规划》明确提出要“推动生态环境智慧治理”，为数字化与绿色化的深度融合指明了方向。这种战略协同体现在政策体系的相互支撑上，一方面，数字中国建设为美丽中国提供了技术手段和方法创新；另一方面，美丽中国建设又为数字技术应用提供了广阔场景和价值导向。2023 年 7 月，习近平总书记在全国生态环境保护大会上强调要“构建美丽中国数字化治理体系，建设绿色智慧的数字生态文明”，进一步凸显了数字化转型在生态文明建设中的战略地位。这种高层决策的明确指向，为各部门、各地方推进生态环境数字化治理提供了根本遵循，也促使数字化解决方案在污染防治、生态保护、气候变化应对等领域的应用不断深化。

新型基础设施建设为生态环境数字化提供了强大的技术支撑和物质基础。以 5G、物联网、数据中心等为代表的新基建，正在重塑生态环境监测、治理和服务的形态与模式。5G 网络的低时延、大连接特性，解决了传统环境监测数据传输的“瓶颈”问题，使海量环境要素数据能够实时传输和处理。在全国重点生态功能区、大气污染防治重点区域等地，5G 基站的建设布局与环境监测网络的优化完善同步推进，为构建天地一体、上下协同的监测体系奠定了网络基础。物联网技术的普及应用则推动了环境感知设备的微型化、智能化和泛在化部署，各类环境传感器、监测终端可以密集布设在传统监测难以覆盖的区域，形成全天候、全地域的环境感知网络。特别是在一些生态脆弱区和环境敏感区，物联网设备结合边缘计算技术，实现了环境风险的即时感知和快速响应。数据中心等算力基础设施的建设则为生态环境大数据的存储、分析和应用提供了强大支撑，各地生态环境部门与企业合作建设的环保云平台、生态大数据中心，正逐步成为环境治理的“智慧大脑”。

现有政策体系在促进数字化与生态环境融合方面已形成多重优势。从财政支持来看，中央和地方财政通过设立专项资金、引导基金等方式，重点支持生态环境数字化项目。国家发展改革委、生态环境部等部门联合推出的“智慧环保”“互联网+环保”等试点示范工程，带动了各级财政和社会资本投入。从标准规范来看，生态环境部陆续出台了生态环境大数据建设、环境物联网监测等系列技术规范，为数字化应用提供了统一标准。从创新激励来看，科技部设立的“大气污染成因与控制技术研究”等重点专项中，数字化技术研发应用占据重要比重，推动了产学研协同创新。从区域协同来看，长三角、京津冀等重点区域建立了生态环境数据共享机制，为跨区域联防联控提供了数据支撑。这些政策优势相互叠加，形成了推动生态环境数字化转型的强大合力。

在政策落地实施过程中，各地积极探索创新，形成了各具特色的实践模式。浙江省“生态环境大脑”通过构建“平台+大脑+应用”体系，实现了全省生态环境数据的统一归集和智能分析，打造了“精准治气”“精准治水”等系列应用场景。广东省依托粤港澳大湾区建设，推进生态环境数字化跨境协同，建立了覆盖珠三角的空气质量联合预报预警系统。长江经济带沿线省（市）共同构建了“智慧长江”平台，实现了流域生态环境信息的互联互通和污染源的全程追踪。这些区域性实践不仅验证了数字化政策的有效性，也为政策完善和创新提供了鲜活的经验[3]。

当前的政策框架在推动生态环境数字化转型方面仍有提升空间。在基础设施方面，需要进一步加强 5G、物联网等新基建在生态敏感区和农村地区的覆盖，消除监测盲区。在数据共享方面，需要打破部门壁垒，健全生态环境数据目录体系和管理规范，促进数据要素有序流动和价值释放。在应用创新方面，应鼓励人工智能、区块链等新技术在生态环境领域的深度应用，拓展数字化治理场景。在安全保障方面，要完善生态环境数据分类分级保护制度，确保数据安全和个人隐私。这些问题的解决需要政策层面的持续创新和精准发力。

8.1.2 现有政策工具的分析

当前我国在推进美丽中国数字化转型过程中，已初步构建起一套较为完善的政策工具体系，这些工具在实际应用中展现出独特的制度优势和实施成效。从数据共享平台建设到智慧环保试点，再到绿色金融支持，多维度政策工具的协同发力为生态环境治理数字化转型提供了强有力的支撑，形成了具有中国特色的环境数字治理模式[4]。

国家生态环境大数据平台的建设标志着我国环境数据共享机制取得突破性进展。这一平台通过整合分散在各部门、各地区的环境监测数据，打破了长期存在的信息孤岛现象，实现了环境质量、污染源、生态状况等数据的集中管理和共享应用。平台采用“国家—省—市”三级架构设计，既保证了数据标准的统一性，又兼顾了地方应用的灵活性。在实际运行中，平台不仅接入了空气质量、地表水等常规监测数据，还逐步纳入了排污许可、环评审批等监管数据，以及卫星遥感、无人机巡查等新型监测数据，形成了多源数据融合的生态环境“数据湖”。特别值得一提的是，平台建立了严格的数据质量控制体系，通过区块链等技术手段确保数据的真实性和可追溯性，为环境执法和决策提供了可靠依据。同时，平台还开发了丰富的数据服务接口，支持各级生态环境部门和企业开发者调用数据资源，孵化出众多创新应用，有效发挥了数据要素价值。这种集中统一又开放共享的平台模式，既避免了重复建设造成的资源浪费，又激发了数据应用的创新活力，成为我国环境数字治理的重要基础设施。

智慧环保试点项目的持续推进积累了宝贵的实践经验。近年来，生态环境部会同有关部门在全国范围内布局了一批智慧环保试点城市和园区，探索数字化技术在环境治理中的创新应用。这些试点项目覆盖了大气污染防治、水环境治理、固体废物管理等多个领域，形成了各具特色的解决方案。在大气污染防治方面，一些城市构建了“空天地一体化”监测网络，结合大数据分析和数值模拟，实现了污染来源的精准解析和治理措施的精准施策。在水环境治理方面，智慧河湖管理系统通过物联网感知、视频监控和无人机巡查，显著提升了河湖问题的发现和处置效率。在固体废物管理方面，数字化追溯系统实现了危险废物从产生到处置的全过程监管，有效防范了环境风险。这些试点项目不仅验证了数字技术的应用效果，还形成了一批可复制、可推广的经验模式。通过编制技术指南、举办经验交流会等方式，试点成果正在向全国辐射，带动整体治理水平提升。试点过程中探索建立的政企合作、产学研协同等机制，也为后续大规模推广应用提供了制度参考。这种“试点先行、总结推广”的工作方法，既降低了改革创新的风险，又加速了先进经验的扩散，是我国推进环境数字治理的有效路径。

绿色金融政策对数字化技术的倾斜支持为美丽中国建设注入了新动能。随着绿色金融体系的不断完善，金融机构对生态环境数字化项目的支持力度持续加大。在信贷政策方面，多家银行设立了专项信贷额度，优先支持智慧监测、环保物联网等数字化项目，并在贷款利率、审批流程等方面给予优惠。在债券市场，绿色债券募集资金越来越多地流向环境大数据平台、智慧环保设施等数字化基础设施建设。碳金融市场的发展更为环境数字技术应用提供了新的激励，一些金融机构开发了与碳排放数据挂钩的金融产品，推动企业加强碳排放数字化管理。

现有政策工具在实施过程中展现出明显的协同效应。数据共享平台为智慧环保试点提供了数据支撑，试点经验又完善了平台功能；绿色金融支持了平台建设和试点项目，其自身发展也受益于数字化技术的应用。这种政策工具之间的正向互动，产生了“1+1＞2”的整体效果。在实践中，越来越多的地区开始采用“平台+试点+金融”的组合拳模式，系统推进生态环境数字化转型。例如，一些省份在建设省级环保大数据平台的同时，配套开展智慧环保园区试点，并联合金融机构开发专属信贷产品，形成了政策合力。这种系统集成的治理思路，有效避免了政策碎片化问题，提高了资源配置效率。

现有政策工具也面临着新的挑战和升级需求。数据共享的深度和广度有待拓展，部分领域的数据壁垒尚未完全打破；智慧环保试点的成果转化机制需要进一步完善，以加快推广应用；绿色金融支持数字化的精准度和覆盖面还需提升，以满足不同类型企业的需求。这些问题的解决需要政策工具的持续创新和优化。未来应进一步加强政策协同，构建更加开放的数据共享生态，完善试点经验的标准化推广机制，创新绿色金融产品和服务，最大限度释放政策红利。同时，要注重发挥地方政府和市场主体积极性，鼓励基层创新，形成上下联动、多元共治的政策实施格局。随着这些政策工具的不断完善和深入实施，必将为美丽中国数字化转型提供更加有力的支撑，推动生态文明建设取得新成效。

8.2　美丽中国建设数字环境领域转型重点工作

8.2.1　数据整合与平台建设

加快美丽中国数字化转型，需要以生态环境领域的重点工作为抓手，通过系统性、整体性的数据整合与平台建设，推动环境治理体系和治理能力现代化。当前，生态环境数据的碎片化、分散化问题仍然突出，部门间、区域间的数据壁垒尚未完全打破，制约了环境治理效能的提升。为此，亟须构建覆盖全国、统一高效的生态环境数据体系，打造互联互通、共享共治的数字化平台，为美丽中国建设提供坚实的数据支撑和技术保障。

建立国家级生态环境数据中心是打破数据屏障的关键举措。这一中心应具备强大的数据汇聚、存储、计算和分析能力，能够对接各级生态环境部门、相关行业和企业的基础数据，实现跨部门、跨层级、跨区域的数据整合。通过统一数据标准和接口规范，消除“数据孤岛”现象，确保数据的完整性、准确性和一致性。同时，数据中心还需建立动态更新机制，实时接入环境监测、污染源监控、生态保护等领域的动态数据，形成覆盖大气、水、土壤、固体废物、生态等全要素的“数据池”，为环境管理决策提供全面、及时的数据支持。

在数据整合的基础上，构建“一图一库一平台”的数字化体系是提升环境治理效能的重要路径。“一图”即生态地图，旨在通过空间信息技术，将生态环境要素、污染源分布、环境质量状况等数据可视化呈现，形成全域覆盖、动态更新的“数字孪生”环境。生态地图不仅能直观展示区域环境状况，还能通过叠加分析、趋势模拟等功能，为环境规划、项目选址、风险预警等提供空间决策支持。“一库”即专题数据库，是对生态环境数据进行分类、归集和深度加工的成果。专题数据库应涵盖环境质量、污染排放、生态保护、环境执法等多个主题，通过结构化存储和标签化管理，实现数据的快速检索和灵活调用。此外，专题数据库还需注重历史数据的积累和挖掘，为环境趋势分析、政策效果评估提供长期数据支撑。“一平台”即智慧管理平台，是生态环境数字化转型的核心载体。该平台应集成环境监测、监管、执法、应急等业务功能，通过大数据分析、人工智能等技术，实现环境问题的智能识别、精准溯源和科学研判。智慧管理平台的建设需突出协同性，支持多部门联合调度和跨区域联防联控，形成“监测—预警—处置—反馈”的闭环管理机制。同时，平台还应具备开放性和扩展性，能够根据环境管理需求的变化，灵活接入新的功能模块和数据资源，确保平台的可持续发展和应用深化。

在推进数据整合与平台建设的过程中，需要注重技术与业务的深度融合。数字化转型不是简单的技术叠加，而是要通过技术创新推动业务流程再造和管理模式变革。例如，在环境执法领域，可通过移动执法终端、物联网设备等实现执法过程的数字化记录和实时传输，提升执法的规范性和透明度；在环境应急领域，可利用模型模拟和情景推演，优化应急预案和处置流程，提高突发环境事件的应对能力。此外，还需加强数字化人才的培养和引进，提升生态环境部门的数据应用能力和技术管理水平，为数字化转型提供人才保障。

美丽中国建设是一项长期性、系统性的工程，生态环境领域的数字化转型必须坚持问题导向和目标导向相结合。一方面，要针对当前环境治理中的痛点、难点问题，如污染源精准管控、环境风险早期预警等，通过数字化手段寻求突破；另一方面，要围绕美丽中国建设的总体目标，如生态环境质量改善、绿色低碳发展等，规划数字化转型的长远路径。只有将数据整合与平台建设置于生态环境治理全局中统筹推进，才能真正释放数字技术的赋能作用，推动美丽中国建设迈上新台阶。未来，随着 5G、物联网、区块链等新技术的成熟应用，生态环境数字化转型将迎来更广阔的发展空间，为生态文明建设注入新的动力。

8.2.2 科研与技术攻关专项

美丽中国建设需要以科技创新为驱动，推动生态环境治理向数字化、智能化方向转型。当前，我国生态环境治理仍面临诸多技术瓶颈，如复杂环境系统的精准模拟、污染治理的自动化水平、生态修复的效率等有待提升。要突破这些难题，必须加强科研与技术攻关，设立美丽中国数字化建设重大科技专项，聚焦环境模拟器研发和环保机器人技术两大方向，为生态环境治理提供强有力的科技支撑。

设立美丽中国数字化建设重大科技专项，是整合国内优势科研力量、突破关键技术瓶颈的重要举措。该专项应围绕生态环境治理的迫切需求，组织高校、科研院所、企业等联合攻关，形成"产学研用"协同创新体系。在环境模拟器研发方面，重点突破土壤、地下水、地表水、大气等介质的动态建模技术，构建高精度的环境仿真系统。环境模拟器不仅需要模拟污染物的迁移扩散规律，还应结合气象、地质、水文等多源数据，实现污染趋势预测和风险评估。例如，针对大气污染治理，可研发区域空气质量动态模型，结合气象条件和污染源排放数据，模拟未来几天的污染扩散路径，为精准减排提供决策依据。在地下水污染防控方面，需构建地下水流动与污染物运移耦合模型，预测污染羽的扩散趋势，优化修复方案。这些环境模拟器的研发，将极大地提升环境管理的科学性和前瞻性，使治理措施更加精准高效。

环境模拟器应与智慧决策系统深度融合，形成"监测—模拟—决策"一体化平台。智慧决策系统可基于模拟结果，结合人工智能和大数据分析，自动生成治理建议，如优化污染源管控策略、调整生态修复方案等。例如，在流域水环境治理中，系统可结合水文模型和水质监测数据，动态调整污水处理厂的运行参数，确保河流断面水质达标。此外，智慧决策系统还应具备自适应学习能力，能够根据历史治理案例不断优化模型参数，提高预测和决策的准确性。通过环境模拟器与智慧决策系统的协同应用，生态环境治理将从被动应对转向主动防控，大幅提升治理效能。

环保机器人技术是另一个重点攻关方向，其核心在于以智能化装备替代传统人工操作，提高污染治理和生态修复的效率与安全性。在污染探测领域，研发具备自主导航、多传感器融合的探测机器人，可深入高风险污染区域，如化工园区、矿山、垃圾填埋场等，实时监测污染物浓度并绘制污染分布图。相较传统人工采样，机器人探测可大幅降低人员暴露风险，同时提高数据采集的密度和精度。例如，在突发环境事件中，搭载气体传感器的无人机或地面机器人可快速进入污染核心区，实时传输数据，为应急决策提供支持。

在生态修复领域，矿山修复机器人、水域清理机器人等将发挥重要作用。矿山修复机器人可针对废弃矿山的复杂地形，进行自动化植被种植、土壤改良和边坡稳定作业，加速生态恢复进程。水域清理机器人则可应用于河流、湖泊、近海等水域的漂浮垃圾、油污、藻类等污染物的自动打捞，减少人工清理的成本和风险。例如，针对蓝藻水华问题，可研发具备智能识别和精准打捞功能的水面机器人，结合遥感监测数据，实现蓝藻的快速清理，避免水体富营养化加剧。此外，环保机器人还可与5G、物联网等技术结合，构建远程操控和集群协作系统，实现大范围、高效率的环境治理。

推动环保机器人技术的广泛应用，还需加强核心部件的自主研发，如高精度传感器、轻量化材料、高效能源系统等，以降低制造成本并提高可靠性。同时，应建立机器人应用的标准化体系，包括数据接口、作业规范、安全标准等，促进不同厂商设备的互联互通和协同作业。此外，可通过示范项目推广机器人在典型场景的应用，如重点流域的水质监测机器人网络、大型矿山的自动化修复系统等，以实际案例带动技术迭代和产业升级。

科研与技术攻关专项的实施，不仅需要资金支持，还需要完善配套政策，如优化科研项目管理机制，鼓励跨学科、跨机构协作；加强知识产权保护，激发企业创新活力；推动科技成果转化，促进技术从实验室走向市场。同时，应注重国际科技合作，引进先进技术并推动自主创新技术的海外应用，提升我国在生态环境数字化治理领域的全球影响力。

8.2.3 智慧化应用场景落地

在推进美丽中国建设的过程中，数字化转型必须从理论走向实践，通过典型场景的智慧化应用实现生态环境治理的提质增效。当前我国生态环境治理面临着流域监管难度大、城市群大气污染协同治理不足、农业面源污染管控薄弱等现实挑战，亟须在重点领域开展智慧化应用试点，形成可复制、可推广的数字化治理模式。长江和黄河流域智慧化生态监管系统、城市群大气污染联防联控数字化平台、农业面源污染智能监测与治理网络等三大重点场景的落地实施，将有效推动生态环境治理从碎片化向系统化、从被动响应向主动预防的转变。

长江和黄河流域作为我国重要的生态屏障和经济带，其生态环境保护具有国家重大战略意义。建设流域智慧化生态监管系统，需要整合水文、水质、气象、污染源等多维数据，构建“空天地一体化”的监测网络。通过部署智能传感器、遥感卫星和无人监测设备，实现对流域生态环境状况的全天候、全要素监测。在数据集成的基础上，运用数字孪生技术建立流域三维动态模型，模拟不同情景下的水文过程和水环境变化，为流域水资源调度、水污染治理和生态修复提供决策支持。同时，系统应具备智能预警功能，当监测数据异常或模拟预测显示潜在风险时，能够自动触发预警机制并生成应急响应方案。此外，系统还需打破行政区域壁垒，建立跨省份、跨部门的协同治理机制，实现上下游、左右岸的联防联控，全面提升流域生态环境治理的系统性和协同性。

城市群大气污染联防联控数字化平台的建设是改善区域空气质量的关键举措。随着城市化进程加快，大气污染呈现出明显的区域性特征，传统的单点治理模式已难以满足实际需求。数字化平台应整合区域内各类污染源数据、空气质量监测数据和气象数据，构建大气污染传输扩散模型，精准识别污染来源和传输路径。通过人工智能算法分析污染成因和演变规律，平台可以预测未来空气质量变化趋势，为区域应急管控和长期治理提供科学依据。在重污染天气应对方面，平台应建立快速响应机制，根据预警等级自动生成差异化管控措施，如重点企业限产停产、机动车限行等，并通过数字化手段监督措施落实情况。同时，平台还应建立区域协同机制，推动城市间治理政策、标准和执法的统一，避免“各自为政”导致的治理效果抵消。通过数字化平台的建设和应用，可以实现大气污染治理从经验判断向精准施策的转变，显著提升区域空气质量的改善效率。

农业面源污染智能监测与治理网络的构建是补齐农业农村环境治理短板的重要途径。与工业点源污染不同，农业面源污染具有分散性、隐蔽性和随机性等特点，传统监测手段难以满足治理需求。智能监测网络应结合物联网、遥感等技术，在重点流域、饮用水水源地等敏感区域布设智能监测设备，实时掌握农田退水、畜禽养殖、农村生活污水等污染源的排放状况。通过建立面源污染负荷模型，量化分析不同农业活动对水环境的影响程度，识别关键污染区域和关键时段。在治理方面，可运用智能灌溉系统、精准施肥技术等数字化手段，减少化肥农药的过量施用；通过建设智慧化污水处理设施，提升农村生活污水的收集处理率。同时，治理网络还应与生态补偿机制相结合，利用区块链等技术实现环境效益的精准计量和补偿资金的智能分配，激发农民参与环境治理的积极性。通过智能监测与治理网络的建设，可以有效破解农业面源污染监管难、治理难的问题，为乡村振兴战略实施提供生态环境保障。

智慧化应用场景的落地实施需要强化政策保障和技术支撑。在政策层面，应制定配套的法规标准和管理制度，明确数据采集、共享和应用的要求，规范智慧化系统的建设和运行。在技术层面，要加强新一代信息技术与生态环境治理的深度融合，推动 5G、人工智能、区块链等技术在具体场景中的创新应用。同时，要注重培养复合型人才，提升基层环保人员的数字化应用能力，确保智慧化系统真正用得好、用得有效。此外，还应建立科学的评估机制，定期对智慧化应用的效果进行跟踪评价，及时总结经验并优化完善，形成良性发展循环。

美丽中国建设进入新时期，数字化转型为生态环境治理提供了新的方法和路径。通过在重点流域、城市群和农村地区开展智慧化应用试点，不仅可以解决当前环境治理中的突出问题，还能为全国范围的数字化转型积累经验。随着智慧化应用的深入推进，我国生态环境治理将逐步实现从人防到技防、从粗放到精准的转变，为建设人与自然和谐共生的现代化奠定坚实的基础。未来，随着技术的不断进步和应用的不断拓展，智慧化治理将成为美丽中国建设的常态，推动我国生态文明建设迈上新的台阶。

8.2.4 能力建设与公众参与

加快美丽中国数字化转型需要全面提升环境治理能力建设，构建政府主导、企业主体、公众参与的多元共治格局。当前生态环境治理数字化转型面临的一个重要瓶颈是政府部门数字化治理能力不足与公众参与渠道不畅的问题，亟须通过系统性能力建设和创新性参与机制来突破这一困境。政府部门数字化治理能力培训与公众环保数据开放平台建设作为两大关键举措，将有效提升环境治理的现代化水平和公众参与度，为美丽中国建设注入新的动力。

政府部门作为生态环境治理的主导力量，其数字化治理能力直接关系到转型成效。开展系统性、针对性的数字化治理能力培训，需要构建覆盖决策层、管理层和执行层的分级培训体系。对于决策层领导干部，要重点培养数字化思维和战略规划能力，使其能够准确把握数字化转型的方向和路径；对于业务管理部门人员，着重提升数据分析和应用能力，使其能够熟练运用各类数字化工具开展环境监管；对于基层执法人员，则要强化智能终端操作和现场数据采集技能，提高执法效率和规范性。培训内容应当与时俱进，涵盖大数据、人工智能、区块链等新兴技术在环境治理中的应用，同时结合典型案例进行实战化教学，避免理论与实践脱节。培训方式可以采取线上、线下相结合的形式，建设数字化学习平台，开发模块化课程，实现个性化、弹性化学习。此外，还应建立培训效果评估机制，将数字化能力纳入干部考核体系，确保培训取得实效。通过持续的能力建设，可以培养造就一支既懂环保业务又掌握数字技术的复合型人才队伍，为生态环境治理数字化转型提供坚实的人力资源保障。

公众参与是环境治理体系的重要组成部分，建设开放共享的公众环保数据平台是拓宽参与渠道的创新举措。“生态随手拍”等公众参与 App 的开发应用，能够有效激发公众的环保热情，构建全民参与的生态环境监督网络。这类平台应当具备便捷的问题上报、处理跟踪和结果反馈功能，公众通过手机即可随时记录和上传身边的环境问题，如垃圾堆放、污水排放、违规施工等。平台后端需要建立高效的问题分办机制，实现与政府监管系统的无缝对接，确保公众反映的问题能够及时得到处理和回应。同时，平台还应设置积分奖励、荣誉表彰等激励机制，提高公众参与的积极性和持续性。除了问题举报功能外，公众环保数据平台还可以开发环境质量查询、环保知识普及、绿色生活指南等便民服务功能，使其成为公众获取环境信息和参与环保实践的一站式平台。在平台运营过程中，要特别注意保护用户隐私，规范数据使用，建立完善的个人信息保护机制。

能力建设与公众参与的深入推进需要制度保障和技术支撑。在制度层面，应当制定政府部门数字化能力标准，将数字化素养纳入公务员培训必修内容；完善公众参与环境保护的激励政策，建立健全环境信息公开和公众监督机制。在技术层面，要运用云计算、移动互联网等技术提升培训平台的智能化水平；采用图像识别、空间定位等技术增强公众参与平台的易用性和准确性。同时，要注重不同系统之间的互联互通，实现政府内部管理系统和公众参与平台的数据共享和业务协同，形成治理闭环。

美丽中国建设需要凝聚全社会共识和力量，数字化转型为提升治理能力和扩大公众参与提供了新的可能。通过加强政府部门数字化治理能力培训，可以提升环境治理的现代化水平；通过建设公众环保数据开放平台，能够构建全民参与的生态环境监督体系。这两方面工作相辅相成，共同推动形成政府、企业、公众共建、共治、共享的环境治理新格局。随着数字化治理能力的不断提升和公众参与机制的日益完善，我国生态环境治理体系将更加成熟定型，为建设人与自然和谐共生的美丽中国奠定坚实基础。未来，随着技术的不断进步和治理理念的持续创新，数字化必将为美丽中国建设注入更加强大的动力，推动生态文明建设取得新的更大成就。

8.3 美丽中国数字化转型优势

8.3.1 顶层设计强化统筹协调

顶层设计强化统筹协调是推动美丽中国数字化转型的首要政策优势。党中央、国务院高度重视数字化与绿色化的融合发展，将“构建美丽中国数字化治理体系”纳入国家战略布局，形成了自上而下的政策推动力。在国家层面，建立了由生态环境部门牵头，多部委协同参与的工作机制，定期召开联席会议，研究解决美丽中国数字化转型中的重大问题。这种高位推动的治理模式，有效突破了传统环境治理中的条块分割困境，确保了政策执行的一致性和连贯性。特别是在“十四五”规划编制过程中，首次实现了生态环境保护专项规划与数字经济发展规划的有机衔接，明确了生态环境数字化转型的路线图和时间表。各省级政府也相继成立了数字化与绿色发展协调机构，将美丽中国数字化建设纳入政府绩效考核体系，形成了层层抓落实的工作格局。这种强有力的顶层设计，不仅为数字化转型提供了方向指引，更通过目标责任制确保了政策落地见效，充分体现了我国集中力量办大事的制度优势。

跨部门协作机制的创新突破为美丽中国数字化转型注入了强大合力。面对生态环境治理这一系统工程，我国打破了传统部门分工的局限，建立了生态环境部、工业和信息化部、科技部等多部门协同推进的工作机制。在技术研发方面，科技部设立“生态环境科技创新”重点专项，联合中国科学院、中国工程院等科研机构，开展环境数字治理关键技术攻关[5]；在基础设施建设方面，工业和信息化部将环保物联网纳入新型基础设施建设规划，与5G网络、数据中心等同步推进；在数据共享方面，国家发展改革委牵头建立政务数据共享协调机制，推动生态环境数据与自然资源、气象、交通等领域数据的融合应用。这种跨部门协作不是简单的职能叠加，而是通过建立联合实验室、共享工作平台等方式，实现了人才、技术、数据等要素的深度整合。

标准化体系的全面建设为美丽中国数字化转型奠定了坚实的基础。标准化是数字化转型的重要前提，我国高度重视生态环境数字化标准体系的构建，已形成覆盖数据采集、传输、存储、应用全流程的标准规范。在数据接口方面，制定了统一的环境监测数据传输协议，确保不同厂商设备的互联互通；在平台架构方面，发布了生态环境大数据平台建设指南，规范了系统功能模块和技术路线；在安全规范方面，建立了环境数据分类分级保护制度，明确了数据共享的边界和权限。这套标准体系既考虑了技术先进性，又兼顾了实用性和扩展性，为各地开展数字化建设提供了遵循。特别值得一提的是，我国还积极参与国际标准制定，推动自主标准“走出去”，为全球环境数字治理贡献中国智慧。标准体系的完善不仅提高了系统建设的质量和效率，还降低了建设和运维成本，避免了重复投资和资源浪费。随着标准的深入实施，各地生态环境数字化项目呈现“异构同源”的特点，既保持了地方特色，又能实现数据互通和业务协同，为全国“一盘棋”的环境治理创造了有利条件。

政策工具的协同发力形成了美丽中国数字化转型的系统优势。顶层设计、部门协作和标准建设不是孤立进行的，而是相互支撑、有机统一的整体。顶层设计为部门协作和标准建设提供了政策依据，部门协作确保了顶层设计的落实和标准的执行，标准建设又为顶层设计和部门协作提供了技术支撑。这种政策协同在实践中产生了显著的倍增效应。以大气污染防治为例，通过顶层设计明确了重点区域联防联控的战略方向，部门协作建立了跨地区的监测预警和应急响应机制，标准统一则确保了监测数据的可比性和治理措施的一致性，从而大幅提升了治污成效。这种系统集成的政策模式，既避免了“头痛医头、脚痛医脚”的碎片化治理，又防止了“一刀切”的简单化做法，体现了生态环境治理的系统性和精准性[6]。

宏观政策优势的发挥离不开制度创新和技术进步的良性互动。在推进美丽中国数字化转型过程中，政策制定者注重吸收最新技术成果，及时将成熟技术转化为政策工具；同时，通过政策引导加速技术创新和成果转化，形成了政策与科技相互促进的生动局面。例如，区块链技术的应用推动了环境数据确权和交易制度的创新，而数据共享政策的完善又为区块链应用提供了更广阔的空间。这种互动不仅提高了政策的前瞻性和有效性，也为技术创新指明了方向，实现了治理效能和科技水平的同步提升。

当前，美丽中国数字化转型的宏观政策体系仍在不断完善中。随着实践的深入，政策重点正从基础设施建设向数据深度应用转变，从单一环境要素治理向生态系统整体保护拓展，从政府主导向多元共治演进。下一步，应进一步强化政策的系统性和协同性，加强国际政策对话与合作，持续优化制度环境，充分释放政策红利。可以预见，随着宏观政策优势的持续发挥，数字化必将成为推动美丽中国建设的强大引擎，为全球生态环境治理提供中国方案和中国智慧。

8.3.2 财政与创新政策支持

在美丽中国建设的战略布局中，财政与创新政策构成了推动生态环境数字化转型的关键支撑体系。当前我国已建立起中央与地方协同发力、财政直接投入与税收间接激励相结合的政策工具箱，为环境治理数字化进程提供了强有力的资金保障和创新动力，展现出独特的制度优势和实施成效。

中央财政专项资金的精准投放为生态环境数字化建设提供了稳定保障。近年来，中央财政通过生态环保专项资金、新基建投资等多种渠道，持续加大了对环境数字治理项目的支持力度。在生态补偿机制改革中，专项资金优先支持数字化监测评估体系建设，推动补偿标准从经验估算向数据测算转变。长江、黄河等重点流域的生态补偿资金中，数字化改造专项占比逐年提升，用于建设水环境智慧监测网络、开发流域协同管理平台等。中央财政还设立了美丽中国建设专项资金，重点支持生态环境大数据中心、智慧环保物联网等基础设施建设，通过“以奖代补”方式引导地方加大配套投入。这种专项资金管理模式既保证了重点项目的实施进度，又通过绩效考核提高了资金使用效益。特别值得关注的是，中央财政在安排转移支付时，将数字化建设水平作为重要考量因素，对工作开展好的地区给予倾斜支持，形成了有效的正向激励机制。

地方财政的配套投入和模式创新进一步放大了政策效应。各省级政府普遍设立了数字化环保专项资金，与中央资金形成合力。东部发达地区探索“资金+技术”的帮扶模式，通过跨区域合作支持中西部地区的环境数字化建设。一些生态功能区所在地政府创新财政投入方式，采用 PPP 模式吸引社会资本参与智慧环保项目，既缓解了财政压力，又提高了运营效率。市县层面则更加注重资金整合，将分散在生态环境、住建、水利等部门的数字化建设资金统筹使用，避免了重复建设和资源浪费。地方财政还加大了对基层数字化能力建设的支持，通过配备移动执法终端、建设乡镇环保数字工作站等方式，提升一线环境监管的智能化水平。这种多层次、多元化的财政支持体系，确保了数字化建设在不同地区、不同层级都能得到适度的资金保障。

税收优惠政策为企业参与数字化环保技术研发注入了强劲动力。国家出台了一系列税收激励措施，降低企业创新成本，引导更多社会资源投向环境数字技术领域。高新技术企业税收优惠政策的适用范围已扩展至环保大数据、智能监测设备等数字化细分领域，相关企业可享受 15%的优惠税率。研发费用加计扣除政策对环保数字化技术的支持力度不断加大，部分前沿技术研发可按 120%的比例加计扣除。针对环保物联网设备制造企业，增值税即征即退政策有效降低了生产成本，提高了市场竞争力。为鼓励科技成果转化，技术转让所得减免税政策惠及众多环保数字技术企业，加速了创新成果的产业化应用。这些税收优惠不是简单的减税让利，而是与企业研发投入、创新产出等绩效指标挂钩，形成了“创新—减税—再创新”的良性循环。实践表明，税收政策的精准施策，既培育了一批专精特新“小巨人”企业，又促进了传统环保企业的数字化转型。

创新政策的多维发力构建了良好的数字技术研发生态。在国家科技重大专项中，生态环境数字化技术研发已成为重要方向，突破了污染源智能识别、环境大数据分析等一批关键技术。科技部设立的“重大自然灾害监测预警与防范”等重点研发计划，将生态环境数字化作为重要内容，推动产学研协同攻关。生态环境部组织实施了“智慧环保”创新工程，支持龙头企业牵头组建创新联合体，开展从技术研发到应用示范的全链条创新。各地方积极打造环保数字技术创新平台，如省级重点实验室、工程技术研究中心等，为技术攻关提供载体支撑。在人才政策方面，国家杰出青年科学基金等人才计划向环境信息技术领域倾斜，培养了一批跨学科的领军人才。这种覆盖基础研究、技术开发、成果转化、人才培养全链条的创新政策体系，有效提升了我国在环境数字技术领域的自主创新能力。

财政与创新政策的协同实施产生了显著的叠加效应。财政直接投入重点解决了数字化建设中的“硬件”问题，而税收优惠和创新政策则着力培育“软件”实力，二者相互促进、相得益彰。在重点行业超低排放改造中，财政补贴支持企业安装在线监测设备，税收优惠激励企业开发智能管控系统，形成了从监测到治理的完整数字化解决方案。在工业园区智慧环保建设中，财政资金支持公共平台建设，创新政策引导企业开发专业化应用，实现了基础平台与个性需求的有机结合。这种政策协同不仅提高了资源配置效率，还催生了“环境+数字”的新业态新模式，为产业绿色发展开辟了新路径。

现有政策在实施过程中也面临一些挑战和优化需求。财政投入的稳定性和可持续性需要加强，避免项目建设后因运维资金不足而闲置；税收政策的精准度和普惠性有待提升，使更多中小微环保数字化企业受益；创新资源的配置效率可以进一步提高，避免重复研发和资源浪费。针对这些问题，需要进一步完善政策设计，加强财政资金的绩效管理，优化税收政策的实施细则，健全创新成果的共享机制。同时，要注重发挥市场机制作用，推动形成政府引导、企业主体、社会参与的多元化投入格局。

8.3.3 国际经验借鉴与本土化创新

在全球数字化与绿色化协同发展的大背景下，美丽中国建设正积极吸收国际先进经验，同时立足国情探索创新路径，形成了兼具国际视野与我国特色的环境数字治理方案。通过对欧盟“绿色数字转型”等国际先进模式的系统性研究，结合我国生态文明建设的特殊性和数字化转型的阶段性特征，正在构建一套既吸收全球智慧又彰显我国特色的政策体系，为全球环境治理贡献东方智慧。

欧盟“绿色数字转型”政策工具包为我国提供了重要参考。欧盟自2019年提出“绿色新政”以来，逐步构建了较为完善的数字环保政策体系，其核心是将数字化作为实现碳中和目标的关键驱动力。在监测体系方面，欧盟建立了覆盖全境的“地球观测计划”，通过卫星遥感、地面传感器和公民科学相结合的方式，构建了高精度的环境监测网络。在数据治理方面，欧盟出台《数据治理法案》，建立环境数据共享机制，推动跨成员国数据互联互通。在标准规范方面，欧盟制定了统一的数字产品护照制度，要求产品全生命周期环境信息可追溯。在创新激励方面，“地平线欧洲”计划将30%的预算用于气候相关研发，其中数字环保技术是重点支持方向。这些政策工具相互衔接、系统配套，形成了推动绿色数字转型的强大合力。特别值得关注的是欧盟的“数字孪生地球”计划，通过构建高精度的地球系统数字模型，为环境治理决策提供仿真模拟支持，这种前沿探索对我国具有重要启示意义。

我国在借鉴国际经验时，注重与本土实践相结合，避免简单照搬。考虑到我国区域发展不平衡、环境问题复杂多样的特点，美丽中国数字化建设采取了梯度推进策略。在东部发达地区，借鉴欧盟先进经验开展智慧环保城市试点，建设了一批具有国际水准的环境大数据平台；在中西部地区，则更加注重数字化解决方案的经济性和适用性，推广低成本、易维护的监测设备。与欧盟侧重气候变化不同，我国美丽中国建设面临大气、水、土壤等多介质协同治理的挑战，因此在数字化应用中更强调系统性思维。我国还创新性地将数字化与河长制、生态补偿等本土环境制度相结合，形成了独具特色的治理模式。这种有选择地借鉴和创造性转化，既吸收了国际先进理念，又保持了中国特色，体现了中国智慧。

我国特色的“数字化+生态”治理模式在实践中展现出强大生命力。以长江经济带为例，通过构建“智慧长江”平台，整合了11个省（市）的环境数据资源，实现了流域污染源的精准管控和生态流量的智能调度。这套系统既吸收了欧盟流域管理的数字技术，又创新性地与中国的河长制相结合，形成了党委领导、政府主导、企业主体、公众参与的协同治理机制。在碳市场建设方面，我国没有简单复制欧盟的碳交易体系，而是充分发挥后发优势，从一开始就注重数字化基础设施建设，建立了全国统一的碳排放数据报送系统，运用区块链技术确保数据真实、可靠，为碳市场稳健运行奠定了坚实的基础。这种本土化创新不仅提高了治理效能，还为发展中国家探索数字化环境治理提供了可借鉴的路径。

我国在数字化环境治理的国际合作中也发挥着越来越重要的作用。通过“一带一路”绿色发展国际联盟等平台，中国将自主研发的生态环境遥感监测、污染源在线监控等数字技术推广到沿线国家，帮助其提升环境治理能力。在应对气候变化领域，我国积极参与全球碳数据标准制定，推动建立公平合理的国际碳核算体系。这些国际合作既展现了中国担当，也为我国数字环保产业开拓了国际市场。与欧盟等发达经济体相比，我国的数字化环保解决方案更具性价比优势，更适合发展中国家需求，这为全球环境治理提供了新的选择。

当前，美丽中国数字化建设正处于从跟跑、并跑向领跑转变的关键阶段。下一步，应更加注重自主创新，在数字孪生、人工智能等前沿领域加大研发投入，突破关键核心技术。同时，要继续深化国际合作，既学习借鉴欧盟等发达经济体的先进经验，又加强与广大发展中国家的技术交流，推动形成更加开放包容的全球环境数字治理体系。要特别重视数字治理规则的制定，在数据主权、算法伦理、网络安全等议题上发出中国声音，贡献中国智慧。随着这些举措的深入实施，我国必将在全球绿色数字转型中扮演更加重要的角色，为构建人类命运共同体作出更大贡献。

实践证明，只有将国际经验与本土实践有机结合，才能走出一条符合国情的美丽中国数字化之路。这条道路既不是闭门造车，也不是全盘照搬，而是在吸收借鉴基础上的再创新。随着数字化技术的快速发展和生态文明建设的深入推进，我国特色的“数字环境”治理模式将不断完善成熟，不仅为美丽中国建设提供强大支撑，也能为全球可持续发展提供中国方案。在这一进程中，需要保持开放包容的心态，继续学习各国先进经验，同时增强创新自信，勇于探索未知领域，推动形成更多原创性成果，为全球环境治理贡献更多中国智慧和中国力量。

参考文献

[1] 蔡跃洲，牛新星. 中国数字经济增加值规模测算及结构分析[J]. 中国社会科学，2021（11）：4-30，204.

[2] 唐辉，杨海莺. 论“五位一体”总体布局中的生态文明建设——学习习近平生态文明思想[J]. 社会主义研究，2022（5）：9-16.

[3] 李璐，魏鋆依. “新链”赋能智行长江[N]. 中国水运报，2025-03-28（02）.

[4] 张邦辉，李一博. 赋能与使能：数字技术驱动生态环境治理现代化转型的重要路径[J]. 探索，2025（3）：96-114.

[5] “十四五”生态环境领域科技创新专项规划[J]. 中国科技奖励，2023（2）：31-39.

[6] 张培德，彭彬彬，米志付，等. 政策关联性与协同防治：基于城市大气政策的实证分析[J]. 系统工程理论与实践，2025，45（1）：1-16.